SAMMLUNG GÖSCHEN BAND 330/330a

AGRIKULTURCHEMIE

II

FUTTERMITTELKUNDE

von

DR. KARL SCHARRER
o. Professor und Direktor des Agrikulturchemischen Instituts
der Justus-Liebig-Hochschule (Universität) Gießen

WALTER DE GRUYTER & CO.
vormals G. J. Göschen'sche Verlagshandlung · J. Guttentag,
Verlagsbuchhandlung · Georg Reimer · Karl J. Trübner · Veit & Comp.

BERLIN 1956

Archiv-Nr. 11 03 30
Satz und Druck: Paul Funk, Berlin W 35
Printed in Germany

Inhalt

Einleitung

Die Futtermittelkunde behandelt die Gewinnung, Zusammensetzung, die Eigenschaften, die Aufbewahrung und Anwendung der verschiedenen Arten der tierischen Nahrungsmittel.

Bei der großen Bedeutung, die heute mehr als je einer einwandfreien Ernährung der landwirtschaftlichen Nutztiere zukommt, ist es erfreulich, daß sich der Verlag de Gruyter entschlossen hat, in seiner bekannten „Sammlung Göschen" ein Bändchen über die Futtermittelkunde herauszubringen; dieses wird gleichzeitig den Band „Agrikulturchemie II" darstellen, nachdem vor einiger Zeit (1953) eine Darstellung der „Pflanzenernährung" im Rahmen der gleichen Buchreihe als „Agrikulturchemie I" erschienen ist.

In der heutigen Zeit ist es nicht nur notwendig, über den tierischen Organismus möglichst viel Nahrungsmittel für den Menschen zu gewinnen, sondern auch dafür zu sorgen, die so gewonnenen Lebensmittel in bester Qualität zu erhalten, und zwar in einer Weise, daß der tierische Organismus in seiner Gesundheit und Leistungsfähigkeit dadurch keinen Schaden erleidet. Diese schwierige Aufgabe ist nur zu lösen, wenn sich der akademisch gebildete und der praktische Landwirt, aber auch der Veterinärmediziner nicht nur weitgehend über die biochemischen Grundlagen der tierischen Ernährung im klaren sind, sondern auch hinsichtlich der Eigenschaften der Nahrungsmittel der Tiere selbst, somit der Futtermittel, entsprechende Kenntnisse besitzen.

Der hier zur Verfügung stehende Raum verbietet es, im Nachstehenden auch die Energetik und allgemeine Bewertung sowie die Analyse der Futtermittel zu behandeln; es kommt hier daher nur die sogenannte „Spezielle Futtermittelkunde" zur Darstellung.

I. Allgemeines über Futtermittel und ihre Zubereitung

Jene Stoffe, die der Ernährung der landwirtschaftlichen Nutztiere direkt oder indirekt dienen können, werden Futtermittel genannt[1].

Die Futtermittel müssen nicht nur nach ihrem energetischen (kalorischen) Gehalt sowie nach ihrer stofflichen Zusammensetzung bewertet werden, sondern auch nach ihrer Bekömmlichkeit, Schmackhaftigkeit und Unverdorbenheit. Ausgezeichnete Futtermittel wirken schädlich, wenn sie zur unrechten Zeit verfüttert werden, z. B. Hafer oder Heu in frischem Zustand. Ferner wirken von Rost und Brand befallene, von Bakterien und Schimmelpilzen zersetzte, durch Frost oder Fäulnis zerstörte Futtermittel schädlich, ebenso solche, die giftige Stoffe enthalten. Schlecht geworbenes Heu büßt seine Bekömmlichkeit ebenso ein, wie unrichtig gewonnenes Gärfutter. Viele Futtermittel enthalten von Haus aus schädliche Stoffe, die deren Bekömmlichkeit beeinträchtigen, wie die Senfarten und der Grünraps das Senföl, der Steinklee das Cumarin, der Buchweizen das Fagopyrin. Andere Futtermittel zeigen wiederum durch ihre aromatischen oder sonstigen Geschmacksstoffe eine besonders den Appetit der Tiere anregende Wirkung, wie gutes Heu, Malzkeime, Kokoskuchen, Palmkernkuchen. Das Häckseln des Grün- und Rauhfutters erleichtert das Kauen und verhindert ein Verstreuen. Dabei ist die richtige Länge des Häcksels wesentlich; es darf weder zu kurz noch zu lang sein. Zu kurzes Häcksel bewirkt leicht Verdauungsstörung in Form von Strohkolik. Diese Erkrankung hat man besonders bei der Verfütterung von Rapsstrohhäcksel an Pferden beobachten können. Zu kurzes Häcksel wird von den Pferden schlecht gekaut. Bei einem sperrigen und rohfaserreichen Rapsstroh kommt es dann zu Anschoppungen

---

1) Über die stoffliche und energetische Bewertung der Futtermittel, die in diesem Bändchen nicht behandelt werden können, vergleiche z. B. K. Scharrer, Die biochemischen Grundlagen der Tierernährungslehre. Verlag F. Enke, Stuttgart, 1950.

im Enddarm, die zu Verstopfungen und gefährlichen Darmentzündungen führen. Man schneidet daher das Häcksel für Pferde und Schafe bei Stroharten 1,5—2,5 cm lang, für Rinder 2,5—3,5 cm. Grünfutter und Heu schneidet man noch länger. Rüben und Kartoffeln werden zerschnitten. Für Schweine werden die Zuckerrüben gedämpft, wobei das Dämpfwasser mit verfüttert werden muß, oder man zerkleinert sie zu Mus oder feinen Schnitzeln, wofür es heute entsprechende Zerkleinerungsmaschinen gibt. Die Körner von Mais, Gerste, Roggen, Buchweizen und Hülsenfrüchten sind wegen ihrer Härte zu grobem Schrot zu zerkleinern, auch um zu verhindern, daß sie im unzerkleinerten Zustand im Magen aufquellen. Besonders für Schweine ist alles Körnerfutter zu feinem Schrot zu zerkleinern. Mehliges Futter kann zur Verhinderung der Belästigung der Atmungsorgane mit kaltem Wasser angefeuchtet werden. Gesundes und in rohem Zustand befindliches Futter wird man nicht kochen, brühen oder dämpfen, sondern nur solche Futtermittel, bei denen dies unbedingt nötig ist, wie Kartoffeln, oder die mit Schimmel oder Brandsporen befallen sind. Besonders beim Schwein stellt gedämpftes oder gekochtes Futter die Hauptnahrung dar. Bei Pferden, Schafen, Arbeitstieren sowie Jungvieh wird man jedoch möglichst wenig gedämpftes und gekochtes Futter verabreichen. Rösten wird man Futtermittel nur, um, wie bei Lupinenkörnern und Roßkastanien, unangenehm schmeckende Stoffe zu zerstören oder schimmelige oder durch Pilze zersetzte Substanzen noch verwerten zu können. Das Auslaugen wird bei Lupinenkörnern vorgenommen, um sie von schädlichen Bitterstoffen zu befreien.

II. Die Wirtschaftsfuttermittel

1. Einleitung

Meist teilt man die Futtermittel in Wirtschafts- und Handelsfuttermittel ein. Die Wirtschaftsfuttermittel sind jene, die in der eigenen Wirtschaft des Landwirtes gewonnen werden, während die Handelsfuttermittel im Handel zugekauft werden müssen. Mit dem Namen Kraftfuttermittel bezeichnet man jene Futtermittel, die besonders reich an wertvollen Nährstoffen sind, insbesondere an Eiweiß und Fett.

Vielfach hat es sich eingebürgert, nur die nährstoffreichen Handelsfuttermittel als Kraftfutter zu benennen. Diese Auffassung ist jedoch nicht richtig, da wir bestrebt sein müssen, auch die Wirtschaftsfuttermittel durch richtige Gewinnung möglichst an Nährstoffen anzureichern.

Die voluminösen, ballastreichen Futtermittel (Heu, Stroh, Spreu) werden auch als Rauhfutter bezeichnet und dem Saftfutter (Grünfutter, Gärfutter) gegenübergestellt.

Als Futtermittel werden nur Stoffe dienen können, die organische und mineralische Nährstoffe bzw. Energieträger und Schutzstoffe in einer Form enthalten, die von den Nutztieren verwertet werden kann und die keine gesundheitsschädlichen Substanzen aufweist. Als Futterstoffe dürfen daher nicht Substanzen bezeichnet werden, die unverdaulich sind, wie Torf, Erde, Sand, oder die Giftstoffe bzw. pathogene Mikroorganismen enthalten.

Wesentlich für ein Futtermittel sind daher sein Nährstoffgehalt, seine Reinheit und Unverdorbenheit, seine Bekömmlichkeit und Schmackhaftigkeit sowie seine Haltbarkeit. Zur Erkennung dieser Eigenschaften ist neben einer chemischen auch eine mikroskopische und botanische Futtermittelanalyse nötig. Die bloßen Angaben von Roh- und Gesamtnährstoffen genügen nicht zur vollständigen Beurteilung eines Futtermittels, sondern wichtig ist neben den genannten Eigenschaften auch noch der Gehalt an verdaulichen Nährstoffen. Beimischungen von Flugasche, Sand und Erde, Verunreinigung der Pflanze durch Hüttenrauch (Arsen-, Blei-, Zinkverbindungen), Rost- und Brandpilze, Bakterien und Schimmelpilze, aber auch Hefepilze machen ein Futtermittel gesundheitsschädlich und für die Ernährung unbrauchbar. Nur ein schmackhaftes Futtermittel wird von den Tieren gern und, wie es besonders für die Mast erforderlich ist, auch in genügender Menge aufgenommen.

Die Haltbarkeit eines Futtermittels ist meist eine Funktion seines Wassergehaltes.

Da für ein brauchbares Futter wesentlich ist, daß es die Sättigung der Tiere und einen normalen Verlauf der Verdauungsvorgänge gewährleistet, ist auch ein hoher Rohfasergehalt und damit Gehalt an Ballaststoffen für gewisse Tiere, vor allem die Wiederkäuer, von wesentlicher Bedeutung, woraus schon hervorgeht, daß der Wert einer Substanz als Futtermittel von der Tierart abhängt, zu deren Ernährung sie dient.

Auch normale und unverdorbene Futtermittel können eine schlechte Bekömmlichkeit aufweisen, wie z. B. Raps und Senf wegen ihres Senfölgehaltes. Schädlich wirkende Stoffe, wie Rizinussamen, sind in manchen Futtermitteln enthalten, z. B. in Erdnußkuchen. Ausgesprochen giftige Pflanzen, die den Futtermitteln als Unkraut beigemischt sein können, sind die Kornrade, der Klappertopf, der Taumellolch, die Herbstzeitlose, der Feldmohn, der Sumpfschachtelhalm, der Schierling und verschiedene Wolfsmilcharten.

Ernte und Aufbewahrung bedingen vielfach die Bekömmlichkeit eines Futtermittels. Verregnetes Heu büßt an Nährwert und Geschmacksstoffen ein, schlechte Konservierung eines Futters erzeugt unter Umständen schädliche Buttersäure oder Fäulnisstoffe, zu hoher Wassergehalt kann zur Entwertung oder Zersetzung eines Futtermittels führen.

Alle diese Eigenschaften der Futtermittel sind bei der Fütterung wohl zu beachten, soll das Ziel einer richtigen Ernährung der Tiere erreicht werden, nämlich sie bei Höchstleistungen gesund zu erhalten und gehaltreiche tierische Erzeugnisse zu gewinnen, wie hochwertige Milch- und Schlachtprodukte.

Bei aller Wichtigkeit des hohen Gehaltes an Nährstoffen wäre es somit falsch, ein Futtermittel einzig und allein nur von diesem Gesichtspunkt zu beurteilen, ganz zu schweigen davon, daß die Futtermittel nicht bloß vom energetischen (kalorischen) Standpunkt zu bewerten sind (Gehalt an sogenannten Energieträgern), sondern auch ihr Gehalt an Stoffen von besonderer physiologisch-chemischer Bedeutung (Schutzstoffe), also die Menge an hochwertigen, leicht verdaulichen Eiweißstoffen, Vitaminen, Mineralsubstanzen, Geschmacksstoffen für ihre Wirkung ausschlaggebend ist.

2. Grünfutter

a) Allgemeines

Nach Kellner-Fingerling[1] bestehen Grünfutter und Heu aus den oberirdischen Teilen solcher Pflanzen, die ihr Wachstum noch nicht abgeschlossen haben und noch reichliche Mengen Blattgrün enthalten. Sie stellen somit die oberirdischen Teile solcher samenbildenden Futterpflanzen dar, die vor dem Eintritt der Samenbildung oder Samenreife genutzt werden. Während das Grünfutter noch den größten Teil des Vegetationswassers enthält und daher sehr viel Wasser aufweist, hat das Dürrheu durch Trocknen an der Luft oder ähnliche Prozesse den größten Teil des Wassers abgegeben. Grünfutter und Heu werden entweder auf dem Dauergrünland (Wiesen und Weiden) gewonnen oder sie sind Erzeugnisse des Feldfutterbaues.

Das Futter des Dauergrünlandes stammt von einem gemischten Pflanzenbestand, weshalb die in Frage kommenden Futterstoffe großen Schwankungen unterworfen sind.

Die Pflanzen des Feldfutterbaues werden als Reinsaat (Klee, Luzerne, Esparsette, Grünmais, Grünraps usw.) oder als Gemische (Kleegrasgemische, Wickroggengemenge, Landsberger Gemenge u. dgl.) angebaut.

Besonders die Zusammensetzung des Futters des Dauergrünlandes ist großen Schwankungen unterworfen und von verschiedenen Faktoren abhängig. Boden und Düngung üben einen wesentlichen Einfluß auf den Nährstoffgehalt des Futters aus. Je nach der Reaktion des Bodens (sauer,

---

1) O. Kellner, Die Ernährung der landwirtschaftl. Nutztiere, P. Parey, Berlin 1943.

neutral, alkalisch) und dessen Wasserführung wird die botanische Zusammensetzung der Grünlandfläche eine verschiedene sein. Auf ausgesprochen sauren Böden werden in erster Linie die als Futtermittel wertlosen, weil basen- und eiweißarmen Sauergräser, Binsen, Schachtelhalme, Woll- und Riedgräser gedeihen. Dagegen erbringen die neutralen bis schwach alkalischen Böden wertvolle Futtergräser (Süßgräser) von hohem Basen- und Eiweißgehalt. Tiere, die gezwungen sind, dauernd Sauergräser aufzunehmen, werden naturgemäß mit der Zeit an Basenmangel erkranken (Lecksucht, Osteoporose).

Am geeignetsten für den Futterbau sind lehmig-sandige Bodenarten mit durchlässigem Untergrund, während leichte Böden ein an Ertrag geringes, dafür aber an Nährwert reiches Futter ergeben. Wesentlich für den Futterwert ist eine richtige Ernährung des Dauergrünlandes bzw. der Pflanzen des Feldfutterbaues. Stauende Nässe bewirkt ein schlechtes, basenarmes Futter. Daher müssen zunächst die Wasserverhältnisse des Bodens in Ordnung sein. Wesentlich ist richtige Be- bzw. Entwässerung, Schaffung einer wirksamen Vorflut, Wegschaffung des überflüssigen Wassers durch eine richtige Dränage. Sind die Wasserverhältnisse des Dauergrünlandes entsprechend geregelt, so ist auf Grund einer Bodenuntersuchung durch die zuständige landwirtschaftliche Versuchsstation eine Ermittlung der Reaktions- und Nährstoffverhältnisse der betreffenden Böden durchzuführen. Auf Grund der Ergebnisse dieser Untersuchung ist dann der Boden entsprechend aufzukalken, bis neutrale bzw. schwach saure oder schwach alkalische Reaktion erreicht ist, und eine entsprechende Düngung zu verabreichen[1]. Diese hat aus gepflegtem Stallmist bzw. Kompost sowie aus Handelsdüngemitteln, in erster Linie Phosphorsäure und Kalium, zu bestehen. Während die Wiesen kaum oder nur mäßig mit Stickstoff zu düngen sind, lohnt sich bei Weiden eine kräftige Stickstoffdüngung. Wird das Dauergrünland derart behandelt, so erhält man nicht nur reiche Erträge, sondern auch ein eiweiß- und basenreiches Qualitätsfutter.

Auf diese Weise ist es möglich, die Erträge der Dauerweiden, die nach den Ermittlungen von Geith[2] etwa in

1) Auf die schwierigen Probleme der Düngung des Dauergrünlandes im einzelnen einzugehen, ist im Rahmen dieser Darstellung nicht möglich.

2) R. Geith, Mittlg. Landw. 51, 355 (1936).

Deutschland im Durchschnitt bei 1500 kg Stärkewert je ha liegen, was etwa 300 kg verdaulichem Rohprotein je ha entspricht, auf 5000 kg Stärkewert je ha mit ungefähr 1100 kg verdaulichem Rohprotein je ha unter sonst günstigen Bedingungen zu steigern.

Daraus ist zu entnehmen, welche Eiweißmengen und Erträge unsere Weiden bei Beachtung der Grundsätze neuzeitlicher Weidewirtschaft noch zu erzeugen vermögen. Erfahrungsgemäß ist die Leistung der Weiden meist größer als die der reinen Mähwiesen. Es hat sich gezeigt, daß der Tritt und Biß der Weidetiere eine Verbesserung der Grasnarbe bewirken, daß ferner die leistungsfähigen Gräser und Kleearten die häufigen Verluste aushalten, nicht aber die schlechten Gräser und Unkräuter. Eine Umstellung eines Teiles der reinen Mähwiesen auf Weidewiesen und Weide bzw. Mähweidewirtschaft ist daher angezeigt. Nach G e i t h kann dadurch eine Ertragserhöhung um 30—50 % erzielt werden. Auch auf Wiesen werden durch die erwähnten Düngungsmaßnahmen der absolute Ertrag und die Güte der Erträge durch Zurückdrängen der Unkräuter und bessere botanische Zusammensetzung der Wiesenpflanzen gehoben; vor allem werden dadurch die eiweißreichen Leguminosen in ihrem Wachstum gefördert. Bei einer reichlichen Düngung erhält man Erträge von 70—80 dz Heu je ha, was etwa einem Rohproteinertrag von 800—1000 kg/ha entspricht.

Unter Umständen ist es möglich, bei Erzielung dreier Schnitte unter Verwendung zusätzlicher Stickstoffdüngung die Erträge noch höher zu steigern.

Wichtig zur Gewinnung eines eiweißreichen Futters ist die richtige Schnittzeit. Je früher der Schnitt erfolgt, um so eiweißreicher und rohfaserärmer und damit leichter verdaulich ist das gewonnene Futter. Die Eiweißstoffe werden von den Pflanzen im Jugendstadium gebildet, und die beste Zeit zum Schneiden ist daher jene des Beginns der Blüte. Je eher der Schnitt erfolgt, um so leichter ist es, drei Schnitte statt nur zwei zu gewinnen und möglichst noch eine nachherige Beweidung bis zum Eintritt des Winters vorzunehmen. Nach zahlreichen Versuchen der Bayerischen Landessaatzuchtanstalt in Weihenstephan[1] sind die Erträge je ha (Heuerträge auf 15 % Wassergehalt berechnet):

	Heu dz	Roheiweiß kg
bei sehr guten, dreimähdigen alten Wiesen im fünfjährigen Durchschnitt	97,8	1062,5
bei sehr guten, dreihmähdigen Neuanlagen im vierjährigen Durchschnitt	125,1	1258,5
bei guten, zweimähdigen alten Wiesen im fünfjährigen Durchschnitt	76,2	875,8
bei geringen, zweimähdigen Wiesen im achtjährigen Durchschnitt	45,8	598,5

Auch bei der Futtergewinnung mittels des Feldfutterbaues spielen naturgemäß Schaffung entsprechender Reaktionsverhältnisse bzw. richtige Kalkung des Bodens und eine angemessene Düngung mit Stickstoff, Phosphorsäure und Kalium eine ausschlaggebende Rolle.

Die Standweite ist insofern von Einfluß auf den Futterwert, als weit auseinanderstehende Futterpflanzen meistens stärkere Stengel und weniger Blätter bilden. Vom Standpunkt des Futterwertes der Grünfutterpflanzen ist daher die Dicksaat vorzuziehen, zumal sie höhere Erträge an grüner Masse liefert.

Der Nährwert der Futterpflanzen wird ferner durch die Sorte bedingt. Arten und Sorten mit vielen und großen Blättern sind gehaltreicher als kleinblättrige; denn die jungen Blätter sind immer eiweißreicher und höher verdaulich als die verholzten Stengel.

Der Pflanzenbestand der natürlichen Grünlandflächen besteht aus Gräsern, Kleearten und sogenannten Kräutern, wobei von diesen drei Gruppen die Gräser verhältnismäßig am wenigsten Eiweiß enthalten.

Seit den grundlegenden Versuchen von Lawes und Gilbert[2] in Rothamsted weiß man, daß das Verhältnis

1) K. Weller, Futterbeschaffung im eigenen Betrieb, Stuttgart 1934 (E. Ulmer).

2) J. B. Lawes, J. roy. agricult. Soc. England 19, 552; 20, 228 (1859).

von Gräsern zu Klee durch eine Stickstoffdüngung sehr beeinflußt wird. Das geerntete Heu hatte im dritten Versuchsjahr die folgende botanische und chemische Zusammensetzung:

	Ungedüngt	Schwefelsaures Ammonium	Mineraldünger	Mineraldünger + 200 kg Ammonsulfat	Mineraldünger + 400 kg Ammonsulfat
	Botanische Analyse (%)				
Gramineen	76	89	72	97	97
Leguminosen	5	2	23	—	—
Verschiedene Kräuter	10	6	2	2	2
Unbestimmbare Teile	9	3	3	1	1
	Chemische Analyse in der Trockensubstanz (%)				
Rohprotein	10,2	12,2	10,2	9,5	13,2
Stickstofffreie Extraktstoffe	53,2	50,9	50,0	50,0	46,7
Rohfett (Ätherextrakt)	3,3	3,6	3,0	2,4	2,9
Rohfaser	26,7	27,2	29,2	29,4	29,3
Asche	6,6	6,1	7,6	7,9	7,9

Während somit eine einseitige Stickstoffdüngung das Wachstum der Gräser förderte, zum Teil in einer Weise, daß die Leguminosen dadurch unterdrückt wurden, vermehrten sich bei einer einseitigen P-K-Düngung die Leguminosen sehr stark auf Kosten der Gräser. Durch die Stickstoffdüngung wurde der Gehalt der Pflanzen an Rohprotein erhöht. Es ergibt sich daraus, daß die Zusammensetzung des Grünlandes und sein Nährwert stark von der botanischen Zusammensetzung und der Zeit des Schnittes bedingt sind.

Ein deutlicher Beweis, daß der Futterwert der Futterpflanzen wesentlich von deren Alter abhängt, zeigen auch Versuche von Wolff[1], der den Gräserbestand einer Wiese parzellenweise zu verschiedenen Zeiten schnitt. Der erste Schnitt erfolgte am 14. Mai, somit zu einer Zeit, in der normalerweise das Gras auf der Weide oder als Grünfutter verwertet wird, der zweite Schnitt am 9. Juni zur üblichen Zeit der Heuernte, der dritte Schnitt am 26. Juni,

[1] E. v. Wolff, siehe Fingerling im Handbuch der Landwirtschaft, herausgegeben von F. Aereboe, J. Hansen und Th. Roemer, S. 250, Berlin 1929 (Paul Parey).

wobei das Gras bereits überständig und grobstengelig war. Bezogen auf einen gleichmäßigen Wassergehalt von 15 % war die Zusammensetzung der drei Schnitte die folgende:

	Schnitt am 14.5. %	Schnitt am 9.6. %	Schnitt am 26.6. %
Wasser	15,0	15,0	15,0
Rohprotein	16,1	9,5	7,2
Rohfett	2,9	2,3	2,3
Rohfaser	21,0	29,6	32,4
Stickstofffreie Extraktstoffe	37,3	36,8	36,0
Mineralstoffe	7,7	6,8	6,2
Reinprotein	10,5	8,0	6,7
Amide	5,6	1,5	0,5
Amide in Prozent des Rohproteins	34,8	15,8	6,0

Je später der Schnitt erfolgte, desto mehr ging der Gehalt an Rohprotein, Reinprotein und Mineralstoffen zurück, während der Gehalt an Rohfaser zunahm. Bezeichnend für die Unterschiede der Qualität des zu verschiedenen Zeiten geschnittenen Futters ist auch das Ergebnis eines Verdauungsversuches, den Wolff[1] mit diesen Heusorten an Hammeln durchführte und der zu folgenden Ergebnissen führte:

	Schnitt am 14.5.	Schnitt am 9.6.	Schnitt am 26.6.
	Verdauungskoeffizienten		
	%	%	%
Rohprotein	73,3	72,1	55,5
Rohfett	65,4	51,6	43,3
Rohfaser	79,5	65,7	61,1
Stickstofffreie Extraktstoffe	75,7	61,9	55,7
Organische Substanz	75,8	64,3	57,5
Reinprotein	59,1	56,7	51,9

Es ergibt sich somit, daß mit zunehmendem Alter die Verdaulichkeit abnimmt, was durch den höheren Rohfaser-

1) E. v. Wolff, siehe Fingerling im Handbuch der Landwirtschaft, herausgegeben von F. Aereboe, J. Hansen und Th. Roemer, S. 250, Berlin 1929 (Paul Parey).

gehalt der älteren Pflanzen ohne weiteres erklärlich ist. Bei Wiesengräsern werden die größten Mengen an verdaulichen Nährstoffen dann erzielt, wenn die Gräser zur Zeit der Blüte geschnitten werden, woraus sich für die praktische Anwendung ergibt, daß der geeignetste Zeitpunkt zur Heuwerbung der Beginn der Blütezeit der Grasarten ist. Dagegen liefert der Rotklee beim Schnitt in der Blüte den höchsten Ertrag an verdaulichen Nährstoffen.

Daß auch beim Klee die Zeit des Schnittes, somit das Alter der Pflanze, von wesentlichem Einfluß auf Zusammensetzung und Verdaulichkeit ist, zeigt folgender Versuch mit einem Grünklee, der einmal bei Beginn der Blüte und später in voller Blüte untersucht und verfüttert wurde:

	Protein	N-freie Extraktstoffe	Rohfett	Rohfaser
	%	%	%	%
Bei Beginn der Blüte .	18,86	41,70	4,70	27,89
Volle Blüte	15,56	43,83	4,17	29,87
	In Prozenten der einzelnen Bestandteile wurden durch Hammel verdaut:			
Bei Beginn der Blüte .	71,6	74,6	67,0	53,0
Volle Blüte	69,3	71,8	61,2	49,7

Lehmann[1] fand in Verdauungsversuchen an Schweinen bei einem zu verschiedenen Zeiten geschnittenen Rotklee folgende Verdauungskoeffizienten:

	Mit noch grünen Blütenknospen	Mit roten Blütenknospen
	%	%
Organische Substanz	53,8	39,7
Rohprotein	49,4	32,6
Stickstofffreie Extraktstoffe	71,2	56,8
Rohfett	24,0	11,9
Rohfaser	32,6	16,2

1) F. Lehmann, Landwirtsch. Jahrbücher 30, 2. Ergänzungsband, 161 (1902).

Durchweg nimmt bei den Futterpflanzen mit fortschreitender Entwicklung der Gehalt an Eiweiß ab, an Rohfaser zu. Von Deetz[1] wurden in sieben Vegetationsstadien bei Lolium perenne (Englisches Raygras) die nachfolgenden Werte gefunden:

Zeit	Rohprotein %	Rohfaser %
am 6. Mai	27,91	17,71
vom 25.—27. Mai	16,01	21,44
am 10. Juni	14,82	22,42
am 24. Juni	12,79	23,62
am 10. Juli	11,97	32,51
am 22. Juli	12,48	28,62
am 15. August	7,79	29,70

Auch der Witterungsverlauf steht in Beziehung zum Nährstoffgehalt der Futterpflanzen, nicht zuletzt die Witterungsverhältnisse zur Zeit der Futterernte. Nicht nur die Höhe der Erträge wird durch Menge und Verteilung der Niederschläge, durch Belichtung und Erwärmung beeinflußt; auch die Zusammensetzung des Futters wird dadurch bestimmt. Futterpflanzen aus regenreichen Perioden enthalten infolge ungenügender Belichtung wenig stickstofffreie Stoffe, sie sind wäßriger, blattärmer und stengelreicher; jung geschnitten, erzeugen sie eine laxierende Wirkung, später ist ihr Nährwert infolge hohen Rohfasergehaltes gering. Bei anhaltender Trockenheit wird die Mineralstoffaufnahme verringert, so daß ein kalk- und phosphorsäurearmes Futter entsteht, das leicht Knochenbrüchigkeit erzeugt. Es entwickeln sich bei Dürre kurze, gedrungene Pflanzen, die rasch verholzen und kleine Blätter aufweisen. Anhaltend kühle Witterung erzeugt stengelreichere, blattärmere und damit eiweißärmere Futterpflanzen; Trockenheit wenig, aber nährstoffreiches Futter. Bei längerer Lagerung von Wiesenfutter während andauernden Regens werden nicht nur die leichtlöslichen Stoffe ausgelaugt, sondern es sinkt auch die Verdaulichkeit des Eiweißes. Die Art und

1) R. Deetz, Journal f. Landwirtschaft 21, 57 (1873).

Dauer der Aufbewahrung von Heu beeinflußt nicht nur den Gehalt an Rohnährstoffen, sondern auch deren Verdaulichkeit, weil die feinen, zarten und nährstoffreichen Teile in Verlust gehen. Vollkommen trocken und sorgfältig aufbewahrtes Heu behält jedoch lange die gleiche Zusammensetzung und Verdaulichkeit, wie Versuche von Kühn[1] gezeigt haben. Doch verliert es mit der Zeit seinen aromatischen Geruch und wird deshalb von den Tieren nicht mehr so gern gefressen. Wenn allerdings die Lagerung sehr lange erfolgt, wird bei trockener Aufbewahrung das Heu morsch und bröckelig, bei feuchter muffig, so daß in beiden Fällen sein Futterwert leidet.

Grünfutter, das auf Böden von schwach saurer bis schwach alkalischer Reaktion bei richtiger Düngung gewonnen worden ist, hat vor allem wegen seines Vitamin- und Basengehaltes für die Nutztiere eine erhebliche ernährungsphysiologische Bedeutung, nicht nur als Erhaltungsfutter, sondern auch als Produktionsfutter. Das Grünfutter übt im allgemeinen eine bessere Ernährungswirkung aus als die aus den gleichen Pflanzen erzeugten Heuarten. Dies ist darauf zurückzuführen, daß beim Aufbewahren des Heus ein gewisser Teil der Nährstoffe durch Veratmung, Gärung und Abbröckeln verlorengeht und daß die Kau- und Verdauungsarbeit bei der Heufütterung größer ist als beim Grünfutter. Wesentlich ist, daß sich in der lebenden Pflanze noch kein Vitamin D (D_2) vorfindet; beim Trocknen der grünen Pflanzenteile wie bei der Heubereitung entsteht aus dem Ergosterin, das in den Pflanzen weit verbreitet ist, Vitamin D_2. Im tierischen Organismus erzeugt die Sonnenbestrahlung aus dem in der Haut jedes gesunden Tieres vorhandenen 7-Dehydrocholesterin das Vitamin D_3, was einen wesentlichen Vorteil des Weideganges darstellt.

Grüne Pflanzen sind für alle Nutztiere als Futtermittel geeignet, nur muß man gewisse Vorsichtsmaßregeln beobachten. Wie bei jedem Futterwechsel ist besonders bei der

1) G. Kühn, Landw. Versuchsstation 29, 131 (1883).

Grünfütterung ein schroffer Übergang zu vermeiden. Ferner muß beachtet werden, daß durch das Grünfutter mit seinem hohen Wassergehalt große Futtermassen zu bewältigen sind, wodurch die Tiere, besonders Arbeitstiere und Pferde, mitunter Schaden leiden könnten. Vom Regen oder Tau durchnäßtes Grünfutter kann leicht starke Gasentwicklung verursachen.

b) Dauergrünland

Wie schon erwähnt, unterscheidet man zwischen Süß- und Sauergräsern, wobei nur die ersteren erwünscht sind. Weiterhin unterscheidet man zwischen Ober- und Untergräsern, somit zwischen hochwachsenden und niedrigwachsenden Gräsern. Obergräser sind hauptsächlich Mähgräser, Untergräser Weidegräser, weshalb auch die Wiesen eine andere botanische und chemische Zusammensetzung haben als die Weiden.

Weidepflanzen sind von den Gräsern vor allem Wiesenrispe (Poa pratensis), Rotschwingel (Festuca rubra), Weidelgras (Lolium perenne), Wiesenschwingel (Festuca pratensis). Brauchbare Weidegräser sind weiterhin der Goldhafer (Avena flavescens), Timothee- oder Lieschgras (Phleum pratense), Kammgras (Cynosurus cristatus), Fiorin- oder Straußgras (Agrostis alba bzw. vulgaris). Dagegen sind die Fuchsschwanzarten (Alopecurus), der Glatthafer (Avena elatior), das Knaulgras (Dactylis glomerata) keine guten Weidepflanzen.

Unter den Leguminosen sind erstklassige Weidepflanzen vor allem der Weißklee (Trifolium repens), die Blaue Luzerne (Medicago sativa), der Gehörnte Schotenklee (Lotus corniculatus). Von den Kräutern kommen nur gewisse aromatische in Betracht, wie Schafgarbe, Thymian, Enzian.

Von den Wiesenpflanzen sind als gute Futtergräser vor allem Wiesenrispe (Poa pratensis) und Rotschwingel (Festuca rubra) hervorzuheben, aber auch unter günstigen Bedingungen (fester Boden) Weidelgras (Lolium perenne) und das gemeine Rispengras (Poa trivialis). Als gute Wiesengräser gelten ferner das Kammgras (Cynosurus cristatus) und der Wiesenschwingel (Festuca pratensis), der Goldhafer (Avena flavescens), der Glatthafer

(Avena elatior), der Wiesenfuchsschwanz (Alopecurus pratensis), gegebenenfalls auch das Lieschgras (Phleum pratense), weniger das Knaulgras (Dactylis glomerata). Minderwertige Wiesengräser sind Schafschwingel (Festuca ovina), wolliges und weiches Honiggras (Holcus lanatus und Holcus mollis), Ruchgras (Anthoxanthum odoratum), das Zittergras (Briza media), die Rasenschmiele (Aira caespitosa), das Borstengras (Nardus stricta), die verschiedenen Trespen, alle Sauergräser, wie die Seggenarten, das Wollgras (Eriophorum), die Binsen. Von den Leguminosen sind zu erwähnen der Wiesenrotklee (Trifolium pratense), der Weißklee (Trifolium repens), die Vogelwicke (Vicia cracca), die Zaunwicke (Vicia sepium), der Gehörnte Schotenklee (Lotus corniculatus), der Bastardklee (Trifolium hybridum). Geringwertige Wiesenpflanzen sind die gemeine Pimpinelle (Pimpinella magna), Löwenzahn (Taraxacum officinale).

Besonders sei darauf hingewiesen, daß die Einteilung in gute bzw. geringwertige Wiesen- und Weidepflanzen von dem Gesichtspunkt ihrer Bewertung als Futtermittel getroffen wurde. Die Sauergräser werden, abgesehen von ihrer Basenarmut und ihrem sonstigen Nährstoffmangel, hauptsächlich deshalb als ungünstige Futtergräser zu bezeichnen sein, weil der hohe Kieselsäuregehalt die Wirkung der Verdauungssäfte, ähnlich wie die inkrustierenden Stoffe, ungünstig beeinflußt, wozu noch kommt, daß die stark verkieselten Zähnchen der Sauergräser eine starke Reizung, oft sogar Verletzungen der Schleimhäute der Tiere bewirken.

Vielfach werden feldmäßig, meist im Gemenge mit Klee, Grasarten wie Weidelgras, Rispengras, Knaulgras, Timotheegras angebaut, die ein Futter ergeben, das etwa gleichaltrigem Wiesenheu entspricht. In Reinsaat verholzen diese Gräser als Obergräser rasch, weshalb bei ihnen ganz besonders für einen rechtzeitigen Schnitt zu sorgen ist.

Beim Auftrieb der Tiere auf die Weide wird gelegentlich eine eigenartige Erkrankung der Milchkühe beobachtet, die als Graskrankheit, Weidekrankheit oder auch Weidefieber bezeichnet wird. Sie heißt auch Grastetanie oder Frühjahrskrankheit des Rindes. Das erste Anzeichen für ihr Erscheinen liegt im Zurückgehen der Milchleistung. Die Freßlust läßt nach, die Tiere werden aufgeregt und fangen an zu zittern. In schlimmen Fällen zeigt sich ein Krampf an den Gliedern, und öfters tritt plötzlicher Tod ein. Vielfach hat man vermutet, daß diese Krankheit auf Eiweißüberfütterung zurückzuführen wäre. Dann müßten allerdings die niedrigmelkenden Tiere und das Jungvieh, die einen geringeren Eiweißverbrauch haben, stärker unter ihr leiden als hochmelkende Tiere mit entsprechend hohem Bedarf an Eiweiß. Tatsächlich befällt sie aber in erster Linie Kühe mit hohen Milchleistungen[1].

Untersuchungen haben ergeben, daß der Calcium- und Phosphorsäurespiegel, vor allem aber der Magnesiumgehalt des Blutes während dieser Krankheit stark unter die Norm gesunken ist (um 50 % gegenüber dem normalen). Durch Einspritzung eines entsprechenden Salzgemisches können erkrankte Tiere gerettet werden. Es scheint somit bei der Weidekrankheit im wesentlichen eine Mineralstoffmangelerkrankung vorzuliegen. Bekommen mit Mineralstoffen schlecht ernährte Tiere stark milchtreibendes Weidefutter, das arm an Mineralstoffen ist, so ist die Gefahr einer akuten Erkrankung gegeben[2].

Es wird daher angezeigt sein, die Umstellung von der Stall- auf die Weidefütterung nicht plötzlich, sondern langsam vorzunehmen; sonst überfressen sich die Tiere leicht mit dem jungen rohfaserarmen Weidefutter und laxieren stark. Man füttert deshalb zur Regelung der Verdauung in den ersten Wochen des Weideganges ballastreiches Futter zu, vor allem gutes Heu und Sommerhalmstroh. Durch dieses Beifutter wird der hohe Eiweißgehalt des jungen Weidegrases richtig ausgenutzt und nicht vergeudet. Wesentlich ist ferner, die Kalk- und Phosphorsäuredüngung entsprechend zu verstärken und genügend frühzeitig zu geben, damit diese Substanzen von der Pflanze entsprechend aufgenommen werden können. Bekanntlich erschweren starke Kaligaben, auf einmal gegeben, die gleichzeitige Aufnahme der Mineralstoffe Natrium und Calcium. Deshalb wird es gegebenenfalls wichtig sein, die Kaliumdüngung geteilt zu verabreichen, etwa in der Weise, daß die Hälfte der vorgesehenen Gabe im Frühjahr und die andere Hälfte nach dem zweiten Abweiden ausgestreut wird. Vorteilhaft ist es auch, die Stickstoffdüngung in drei bis fünf Teilgaben über die ganze Auftriebszeit zu verteilen. Besonders ist darauf zu achten, daß bei der Weidedüngung das Magnesium entsprechend berücksichtigt wird, am besten durch

---

1) Huppert, Mitteilg. f. d. Landwirtschaft 53, 185 (1938).

2) Auf die Problematik der verschiedenen vermeintlichen Ursachen des Weidefiebers hier einzugehen, ist im Rahmen dieser Darstellung nicht möglich. Die Erkrankung wird auch jetzt vielfach mit Ernährungstetanie (Seekles) bezeichnet.

Verabreichung magnesiumhaltiger Kalidüngesalze bzw. Graukalke oder dolomitischer Kalkdüngemittel.

Ältere und neuere Versuche zeigen übereinstimmend, daß Wiesenheu, dessen Verfütterung Knochenkrankheiten erzeugt, im Vergleich mit gutem, gesundem Heu sehr arm an Phosphorsäure ist. Die Wiesen und Weiden sind dann genügend mit Phosphorsäure versorgt, wenn der Phosphorsäurespiegel der Gräser, bezogen auf lufttrockene Substanz, 0,65 % P_2O_5 beträgt. Vergegenwärtigt man sich, daß in 10 kg Milch 18 g Kalk und 15 g Phosphorsäure enthalten sind, so ist verständlich, daß lediglich bei genügender Zufuhr dieser Substanzen die Milchtiere auf die Dauer hohe Milchleistungen erbringen werden und gesund bleiben können.

c) Futterpflanzen des Feldfutterbaues

Klee, Luzerne, Esparsette, Serradella werden zur Futtererzeugung in Reinsaat oder, wie der Klee, oft in Gemisch mit Gräsern (Kleegrasgemische) angebaut. Wie in niederschlagsreichen Gegenden der Klee, so stellt die Luzerne in niederschlagsarmen Gegenden den Eiweißlieferanten der Wirtschaft dar. Die *Luzerne* (Medicago sativa) ist eiweißreicher als der Rotklee und ist auch reich an Basen, insbesondere an Kalk. Während der Klee nur zwei Ernten im Jahr liefert, kann die Luzerne drei- bis fünfmal gemäht werden. Allerdings ist die Luzerne gegen Beweidung empfindlich und darf deshalb nur geschnitten werden. Auch bei ihr ist der Nährwert um so größer, je frühzeitiger sie geschnitten wird; so enthielt z. B. die wasserfreie Substanz einer Luzerne Ende April 34 % Rohprotein und 22 % Rohfaser, am 22. Mai 26 % Rohprotein und 28 % Rohfaser, am 3. Juli 18 % Rohprotein und 49 % Rohfaser. E. v. Wolff[1] fand bei Verdauungsversuchen folgende Verdauungskoeffizienten:

---

1) E. v. Wolff, Landwirtsch. Jahrbücher 13, 257 (1887).

	Roh-protein %	N-freie Extrakt-stoffe %	Rohfett %	Rohfaser %
a) Beim Wiederkäuer:				
Grünluzerne vor der Blüte	71,3	68,0	56,3	46,1
Grünluzerne drei Wochen später	68,2	63,7	49,2	46,8
b) Beim Pferd:				
Grünluzerne vor der Blüte	74,8	71,3	29,8	44,0
Grünluzerne drei Wochen später	70,4	67,2	21,1	36,3

Der *Rotklee* (Trifolium pratense) wird allein, aber auch mit Gräsern angebaut. Ein und derselbe Rotklee enthielt zu verschiedenen Schnittzeiten in der wasserfreien Substanz:

	In der Knospung %	In angehender Blüte %	In voller Blüte %
Rohprotein	23,30	20,04	17,28
N-freie Extraktstoffe	39,58	40,53	42,72
Rohfett	7,16	5,26	5,49
Rohfaser	20,60	25,68	27,02

Nach E. v. Wolff[1] wurde von einem Rotklee durch Wiederkäuer verdaut:

	Vor der Blüte %	Beginn der Blüte %	Volle Blüte %	Ende der Blüte %
Rohprotein	74,0	73,8	63,9	58,6
N-freie Extraktstoffe .	82,7	78,8	71,2	70,7
Rohfett	65,2	70,6	52,8	44,5

Der Klee besitzt den höchsten Nährwert mithin kurz vor der Blüte. Bis zum Eintritt seiner Blütezeit wird er daher als Grünfutter verwendet, später geschnitten dient er zur Heubereitung. Meist ist der zweite Schnitt des Rotklees noch eiweißreicher, aber etwas ärmer an N-freien Extraktstoffen und etwas rohfaserreicher als der erste Schnitt. Der

1) E. v. Wolff, Landwirtschaftliche Versuchsanstalt Hohenheim 1870, 1880.

Rotklee wird am besten an erwachsene Rinder verfüttert, dagegen an Pferde und Schafe wegen seiner erhitzenden Wirkung nur in beschränkten Mengen gegeben. An Fohlen wird er am besten nicht verabreicht, bei tragenden Tieren und sonstigem Jungvieh gibt man nicht mehr als die Hälfte des Rauhfutters in Form von Rotklee. Der Rotklee wird von Schweinen gern gefressen und hat bei ihnen eine gute Futterwirkung, vorausgesetzt, daß er wenig Rohfaser enthält.

Die *Esparsette* (Onobrychis sativa) ist nicht so wasserbedürftig wie der Rotklee und gibt daher auch bei trockener Witterung einen guten Ertrag. Im Futterwert ist sie dem Rotklee ähnlich.

Auch der *Inkarnatklee ist* in seinem Futterwert dem Rotklee ähnlich; doch verholzt er rasch nach der Blüte. Dagegen behalten *Weißklee* und *Bastardklee* (Schwedenklee) ihre zarte Beschaffenheit lange und sind bis zum Ende der Blüte ein brauchbares Futter.

Die *Serradella* (Ornithopus sativus) gedeiht gut auf Sandböden. Sie liefert auch als meist in Wintergetreide eingesäte Untersaat auf leichten Böden gute Erträge.

Ein sehr eiweißreiches Grünfutter liefern *Erbsen-, Bohnen-* und *Wickenarten;* doch verholzt es rasch. Sie zeigen, ähnlich wie Esparsette und Serradella, eine erhitzende Wirkung, besonders die Wicken. Von den zahlreichen Wickenarten kommen für die Tierernährung hauptsächlich die gemeine *Saat-* oder *Futterwicke* (Vicia sativa L.) als Sommerform, die *Sand-* oder *Zottelwicke* (Vicia villosa Roth.) als Winterform in Frage. Die Zottelwicke ist bis zur Blütezeit höchst nährstoffreich und schmackhaft. Reinsaat kommt praktisch für Futterzwecke kaum vor, meist wird die Zottelwicke gemeinsam mit Roggen als Wickroggengemenge angebaut. Beliebt ist auch eine Mischung von Zottelwicke, Inkarnatklee und Weidelgras (z. B. 50 % Zottelwicke, 25 % Inkarnatklee und 25 % Weidelgras), das als „Landsberger Gemenge“ bezeichnet wird.

Gelbe Lupine (Lupinus luteus) wird erst dann geschnitten, wenn ihre Seitentriebe in der Blüte stehen und der Haupttrieb bereits Samen gebildet hat. Schneidet man aber vor der Blüte, so erhält man zwei Schnitte. Das Lupinenfutter übt stets eine erhitzende Wirkung aus. Außerdem enthält es manchmal in allen seinen Teilen das Iktrogen, eine eiweißartige Verbindung, die ein tödliches Gift darstellt, das vermutlich von einer Pilzart gebildet wird, die sich auf der lebenden Pflanze aufhält. Es ist daher notwendig, jedes Jahr zunächst mit der Lupine Probefütterungen von dreiwöchiger Dauer an z. B. Kaninchen durchzuführen, um zu sehen, ob das Lupinenfutter giftig ist (Lupinose) oder nicht. Giftiges Futter muß durch vier- bis fünfstündiges Dämpfen bei 1—2 Atm. Überdruck oder 1 bis 2 Stunden bei 4—6 Atm. entgiftet werden, da einfaches Brühen nicht genügt. Lupinenfutter wird hauptsächlich an Schafe verfüttert, während Rinder und Pferde es weniger gern fressen. Auch wirken größere Mengen ungünstig auf die Beschaffenheit der Milch ein. Die Züchtung der Süßlupine durch Erwin Baur und von Sengbusch war daher von großer Bedeutung für die Tierernährung, da sie die Nachteile der Bitterlupine nicht besitzt und um 1—2 % mehr Eiweiß enthält als diese. Die Süßlupine wird von allen Tieren gern gefressen und gut vertragen; sie gibt auch auf leichten Böden zum Unterschied von Luzerne und Rotklee, die nur auf schweren Böden gut gedeihen, hohe Futtererträge.

Getreidegrünfutter und Grünmais. Von den Getreidearten werden Hafer und Gerste manchmal, Roggen dagegen häufiger zur Erzeugung von Grünfutter angebaut. Falls die Halmfrüchte als Grünfutter verwendet werden, müssen sie vor der Ährenbildung geschnitten werden. Im Nährwert kommt das Getreidegrünfutter etwa den Süßgräsern gleich. Zuerst ist der Grünroggen schnittreif, dann der Grünweizen und schließlich die Grüngerste. In Verbindung mit Erbsen, Bohnen, Wicken geben Hafer und Sommergerste, grün geschnitten, ein gutes Futtergemisch.

Das Getreidegrünfutter stellt einen gewissen Übergang zwischen Rauh- und dem sonstigen Grünfutter dar. Eine ausgezeichnete Grünfutterpflanze ist der Grünmais, der am besten vor Beginn des Kolbenansatzes zu schneiden ist. Besonders geeignet als Grünfutter ist der Pferdezahnmais sowie überhaupt alle frühreifen Sorten. Getreidegrünfutter und Grünmais sind, wie die chemische Zusammensetzung zeigt, infolge ihres hohen Wassergehaltes nährstoffarme Futtermittel. Besonders der Grünmais ist sehr wasserhaltig und eiweißarm, enthält aber 4—6 % Zucker und wird deshalb von den Tieren gern gefressen. Infolge seines hohen Wassergehaltes wirkt er leicht laxierend und wird deshalb am besten mit Rauhfutter verfüttert.

	Grün-gerste %	Grün-hafer %	Grün-roggen %	Grün-mais %
Wasser	84,2	80,1	78,1	81,8
Rohprotein	3,0	2,3	3,1	1,5
Stickstofffreie Extraktstoffe	6,0	8,7	9,1	9,5
Rohfett	0,5	0,5	0,7	0,5
Rohfaser	4,4	6,7	6,9	5,3
Asche	1,9	1,8	1,5	1,4

Ein gutes Grünfuttermittel ist ferner die *Rispen- und Kolbenhirse* (Panicum miliaceum bzw. Setaria italica), wenn sie rechtzeitig grün geschnitten wird. Ihre Verdaulichkeit im grünen, getrockneten und eingesäuerten Zustand wurde von K. Scharrer und R. Schreiber[1] in Ausnutzungsversuchen geprüft, wobei die Auffassung von Tiemann[2] bestätigt werden konnte, daß die Hirsen vom Standpunkt der Tierernährung eine wertvolle Verbreiterung der wirtschaftseigenen Futtergrundlage darstellen.

Wertvolle Grünfuttermittel sind ferner der *Grün- oder Futterraps* und der *Grün- oder Futterrübsen.*

1) K. Scharrer und R. Schreiber, Z. Tierernährung u. Futtermittelkde. (Berlin) 7, 241 (1944).

2) Tiemann, Mitteilg. Landwirtschaft, H. 10, 1941, S. 185.

Mit dem Mais verwandt ist die *Zuckermohrenhirse* (Sorghum); sie kann mehrmals geschnitten werden und liefert ein noch zuckerreicheres Futter als der Mais. Im sehr jungen Zustand enthält sie ein Glykosid, aus dem im Magen Blausäure gebildet wird; später aber verliert sie ihre giftigen Eigenschaften.

Der *Weiße Senf* (Sinapis alba) und der *Spörgel* (Spergula arvensis) werden wegen ihrer Schnellwüchsigkeit gern als Grünfutter angebaut. Der Senf muß vor dem Schotenansatz, der Spörgel bei beginnender Blüte geschnitten werden. Wird der Weiße Senf erst nach dem Samenansatz geschnitten, so tritt im Magen der Tiere eine Senfölbildung ein, die schädlich wirkt.

Der *Buchweizen* (Fagopyrum) wird sowohl als Grünfutter wie auch als Heu verfüttert. Buchweizen wird, weil er als Reinsaat nicht gern gefressen wird, im Gemenge mit anderen Futterpflanzen, wie Futtererbsen, Senf, Spörgel, angebaut. Buchweizen enthält eine Substanz, das Fagopyrin, das bei weißen oder weißgescheckten Tieren eine Photosensibilisierung hervorruft, den sogenannten Fagopyrismus, der darin besteht, daß diese Tiere nach Genuß des Buchweizens gegen Licht außerordentlich empfindlich werden und Hautausschläge, Hautentzündungen bzw. fiebrige Erscheinungen bekommen. An solche Tiere darf der Buchweizen daher nicht oder nur in dunklen Ställen verfüttert werden. Die Milchmenge wird durch Buchweizenfütterung ungünstig beeinflußt. Ähnliche Erscheinungen der Photosensibilisierung treten auf, wenn sogenanntes Hartheu von den Tieren verzehrt wird, das ist Heu der Pflanze Hypericum perforatum (durchlöchertes Johanniskraut). Dieses Johanniskraut enthält das Hypericin, eine Substanz, die den Hypericismus hervorruft, einen Komplex von Krankheitsbildern, die dem Fagopyrismus gleichen.

Der *Beinwell* oder Comfrey (Symphytum asperrimum) ist eine Futterpflanze für Schweine, während sie vom Rind wegen ihrer Rauhhaarigkeit ungern gefressen wird. Beinwell ist sehr wasserhaltig und enthält im Durchschnitt 12 % Trockensubstanz.

Als Grünfutterpflanzen sind auch mit gutem Erfolg die *Futtermalve*, der *Saflor* (Carthamus tinctorius), die *Phacelia* (Phacelia tanacetifolia Benth) und die *Ölrauke* (Eruca sativa) zu verwenden[1]. Ein ausgezeichnetes Grünfuttermittel ist auch das *Topinamburkraut*, dessen Verdaulichkeit in Versuchen von K. Scharrer und R. Schreiber an Wiederkäuern als günstig festgestellt worden ist[2]. Die Topinamburgrünmasse eignet sich sowohl als Grün- wie als Gärfutter, aber auch als Grünheu für Schafe, Pferde und Ziegen, weniger für Milchvieh, weil bei diesem eine Senkung des Fettgehaltes der Milch auftritt. Das Topinamburgrünfutter wird am besten im August geschnitten, da es dann am wenigsten Rohfaser enthält. Für die Einsäuerung ist gegebenenfalls auch noch eine Schnittzeit Ende September oder Anfang Oktober geeignet.

Unter *Markstammkohl* (Brassica oleracea L.) verstehen wir eine zu Fütterungszwecken geeignete Art des Gartenkohls, dessen Stengel mit Mark gefüllt ist und eine Höhe von 1—2 Meter erreicht. Der Markstammkohl hat etwa 13—14 % Trockensubstanz, ist somit ziemlich wasserreich. Falls er nicht in zu großen Gaben verfüttert wird, ist er ein brauchbares Futtermittel für Wiederkäuer. Wegen seiner Winterhärte ist er ein geschätztes Grünfutter. Bei Verfütterung zu großer Mengen von Markstammkohl hat man jedoch bei Milchtieren Krankheitserscheinungen beobachtet, die als Kohlanämie bezeichnet werden. Das Wesen der Erkrankung besteht in der Zerstörung der roten Blutkörperchen. Bei älteren Tieren und solchen mit hohen Milchleistungen treten die Krankheitserscheinungen am stärksten auf; die Milchleistung sinkt erheblich und das Wiederkauen wird eingestellt. Einseitige Markstammkohlfütterung ist für Rinder jeden Alters zu vermeiden und an Milchtiere nicht mehr als 10 kg je Tag, an Masttiere nicht über 20 kg zu verabreichen. Die Erscheinungen der Kohlanämie wurden bei Gaben von 40—50 kg Markstammkohl je Tier und Tag beobachtet.

---

1) K. Scharrer, Forschungsdienst, Sonderheft 15, 47 (1941).

2) K. Scharrer und R. Schreiber, Tierernährung (Leipzig) 15, 355 (1943); K. Scharrer, Mitteilg. Landwirtschaft 59, 1018 (1944).

d) Blätter und Kraut der Knollen- und Wurzelfrüchte

Die Blätter und das Kraut der Knollen- und Wurzelgewächse werden sowohl frisch wie auch getrocknet verfüttert. Am wichtigsten von diesen Futtermitteln sind die Blätter und Köpfe der Zucker- und Futterrüben, wobei es sich um ein sehr wässeriges, rohfaserarmes, relativ eiweißreiches Futter handelt, das, auf Trockensubstanz bezogen, etwa 3—4 % Oxalsäure enthält. In großen Mengen genossen, wirkt diese Säure schädlich. Beim Wiederkäuer wird sie größtenteils in den Vormägen durch Gärung zerstört, was aber beim Pferd und Schwein nicht in Betracht kommt.

Durch Zugabe von kohlensaurem Kalk in Form von Schlämmkreide zu den Rübenblättern und Rübenköpfen (100 g $CaCO_3$ auf 100 kg Blätter) wird die Schädlichkeit der Oxalsäure infolge Unlöslichmachung ausgeschaltet. Durch ihren hohen Gehalt an organischen Säuren wirken die Futter- und Zuckerrübenblätter laxierend, und sie werden deshalb in Mischung mit Heu oder Stroh am besten verabreicht. Sehr wichtig ist, daß das Rübenkraut möglichst schmutzfrei verabreicht wird. Infolge des hohen Sand- und Schmutzgehaltes, wie er besonders bei ungünstigem Erntewetter in das Kraut gelangt, werden eine Fülle pathogener Mikroorganismen den Tieren zugeführt; neuere Forschungen haben ergeben, daß dieser Schmutzgehalt weitaus schädlicher für die Nutztiere ist als die zugeführte Oxalsäure. Auch dürften das ungünstige Verhältnis von Säuren zu Basen und vor allem der Mangel an Calcium im Rübenkraut in ernährungsphysiologischer Hinsicht zu wünschen übrig lassen, worüber noch ausgedehnte Untersuchungen angestellt werden müßten. Untersuchungen von Honcamp[1] über die Zusammensetzung und Verdaulichkeit des Zuckerrübenblattes ergaben folgende Werte:

1) F. Honcamp, Landwirtschaftl. Versuchsstation 88, 305 (1916).

	Rübenblatt A			Rübenblatt B		
	Rohnährstoffe	Verdauungskoeffizienten	Verdauliche Nährstoffe	Rohnährstoffe	Verdauungskoeffizienten	Verdauliche Nährstoffe
	%	%	%	%	%	%
Rohprotein	26,39	80,6	21,27	23,07	86,1	19,86
Reineiweiß	22,37	—	17,25	17,04	—	13,83
N-freie Extr. Stoffe	40,22	76,0	30,57	36,09	95,5	34,47
Rohfett	4,01	49,3	1,98	3,34	58,3	1,95
Rohfaser	10,37	75,0	7,71	9,32	100,0	9,32
Rohasche	19,01	—	—	28,18	—	—
Stärkewert	—	—	53,9	—	—	57,5

An Milchvieh kann man ein Drittel der Futterration in Form von Rübenblättern verabreichen, an Mastochsen mehr, an Arbeitsochsen weniger. Die Rübenblätter werden auch eingesäuert oder getrocknet, wobei die getrockneten Blätter („Troblaco“) den Nährwert guten Wiesenheus aufweisen. Der Wert der getrockneten Blätter hängt von der Art der Trocknung und der Sauberkeit ab. Mit diesem Futtermittel kann man Milch- und Mastvieh ohne Kraftfuttergaben zur höchsten Leistung bringen. Auch für die Pferdefütterung und die Geflügelmast ist das Trockenblatt geeignet.

Ungefähr die gleiche Verdaulichkeit wie das Zuckerrübenblatt haben Blätter und Kraut der Futterrüben und der Kohlrüben. Nach E. Pott[1] und Honcamp[2] beträgt ihr Gehalt an rohen und verdaulichen Nährstoffen:

	Rohprotein	N-freie Extraktstoffe	Rohfett (Ätherextrakt)	Rohfaser
	%	%	%	%
Futterrübe (Blätter)	18,10	43,97	4,31	11,72
Kohlrübe (Kraut):				
a) Rohnährstoffe	24,07	51,84	4,45	19,64
b) Verdauungskoeffizienten	86,3	80,6	65,7	100,0
c) Verdauliche Nährstoffe	20,77	41,78	2,92	19,64

1) E. Pott, Handbuch der tierischen Ernährung und der landw. Futtermittel, Berlin 1907 (P. Parey).

2) F. Honcamp, Landwirtschaftl. Versuchsstation 88, 305 (1916).

Wie erwähnt, gelangt auch Topinamburkraut zur Verfütterung; ferner werden Mohrrübenblätter und die Blätter des Futter- und Weißkohls als Futtermittel verwendet.

In Notzeiten wird auch oft Kartoffelkraut verfüttert. Im frischen Zustand, wo es am nährstoffreichsten wäre, kann es naturgemäß nicht verfüttert werden, weil sonst die Knollenentwicklung leidet; außerdem enthält es den Giftstoff Solanin. Im vergilbten, abgestorbenen Zustand ist sein Nährwert wegen des hohen Rohfasergehaltes gering; am besten kann es noch eingesäuert verwertet werden, weil dabei das Solanin zerstört wird. Am meisten Solanin weist das Kartoffelkraut zur Zeit der Blüte auf. Es muß daher sehr spät geerntet werden, wenn es keinen Schaden anrichten soll. Wegen seines hohen Zellulose- und Ligningehaltes ist es aber, wie erwähnt, schwer verdaulich. In normalen Zeiten wird man es daher nicht für die Fütterung, sondern höchstens als Einstreu usw. verwenden.

3. Rauhfutter

a) Heu

Jede Art Heuwerbung ist mit Verlusten verbunden, wozu noch kommt, daß der Produktionswert des Dürrfutters gegenüber dem Grünfutter ein geringerer ist; denn die sogenannte Einverleibungsarbeit (Kauen und Verdauungsarbeit) des trockenen Rauhfutters ist höher als diejenige für das saftige und weiche Grünfutter. Man rechnet beim Trockenfutter mit etwa 30—50 % des Wertes der verdaulichen Nährstoffe, die für die Einverleibungsarbeit verbraucht werden, für Grünfutter dagegen nur mit 10—20 %. Wird der Schnitt kurz vor oder spätestens bei Beginn der Blütezeit vorgenommen, so wird die größte Menge an Nährwert von der Flächeneinheit gewonnen, während die größte Futtermasse bei einem späteren Schnitt erhalten wird. Da es aber nicht auf die Masse an und für sich, sondern auf die Menge an verdaulichen Nährstoffen ankommt, ist hieraus zu schließen, daß frühzeitiger Schnitt anzustreben ist. Da alles Heu in den ersten 4—8 Wochen nach der Ernte eine Gärung erleidet, ist es während dieser Zeit auf keinen Fall zu verfüttern, weil es sonst schwere Verdauungsstörungen erzeugen würde. Heu von erstklassigen Wiesen, das gut gewonnen und eingebracht wurde, ist reich an Basen, insbesondere Calcium, ferner an sonstigen Mineralstoffen, wie an Phosphorsäure, Vitaminen und Eiweiß, weshalb es ein hervorragendes Futter für Milchvieh und Jungtiere, überhaupt für Wiederkäuer, aber auch Pferde darstellt. Bei keinem Futtermittel gibt es solche Unterschiede in der Qualität wie beim Wiesenheu, das einerseits ein wertvolles Produktionsfutter, andererseits kaum ein kümmerliches Erhaltungsfutter sein kann.

Nicht nur das auf Dauergrünlandflächen gewachsene Futter wird zu Dürrheu umgewandelt, sondern auch Klee, Luzerne, Esparsette und die meisten anderen Grünfutterpflanzen des Feldfutterbaues, weil sie auf diese Weise im allgemeinen am einfachsten und billigsten in einen haltbaren Zustand übergeführt werden.

Nach Wiegner[1] kann man die Verluste, die bei der Heubereitung bei Trocknung auf dem Boden gegenüber dem Grünfutter auftreten, etwa folgendermaßen einschätzen:

	An Trockensubstanz %	An verdaulicher Trockensubstanz %	An Stärkewert %
Durch Atmung	bis 10	etwa 10-15	etwa 5-15
Durch mechanische Verluste	etwa 5-10	etwa 5-10	etwa 5-10
Durch Gärung im Heustock	etwa 5-10	etwa 5-10	etwa 5-10
Durch Wertigkeitsverminderung	—	—	etwa 10-15
insgesamt etwa	10-30	15-35	25-50

Die Verluste werden vermindert, wenn statt der Bodentrocknung das Trocknen auf Gerüsten vorgenommen wird, insbesondere bei der Heubereitung aus Leguminosen. Ver-

1) G. Wiegner, Mitteilg. D.L.G. 40, 321 (1925).

gleichende Untersuchungen zeigten, daß z. B. bei Rotklee durch gewöhnliche Bodentrocknung bei schlechtem Wetter 25 %, bei mittlerem Wetter 16 % der Trockensubstanz verlorengingen, beim Trocknen auf Pyramiden jedoch nur 9 %; von 100 Teilen des im ursprünglichen Klee enthaltenen Rohproteins gerieten in Verlust bei Bodentrocknung und mittlerem Wetter 23 %, bei schlechtem Wetter fast 50 %, auf den Gerüsten jedoch nur 18 %. In erster Linie werden die stickstofffreien Extraktstoffe von diesen Verlusten betroffen, vor allem die Glukose, Saccharose, die Dextrine und erst später die Stärke. Die Verluste an Rohfett nahmen bei längerer Trocknung und bei stärkerer Belichtung zu, das Eiweiß zerfällt in seine Bausteine; stets werden die organischen Phosphorverbindungen abgebaut. Durch diese Verluste an vorwiegend leichtlöslichen Stoffen nimmt naturgemäß die Verdaulichkeit ab.

Gutes Wiesenheu ist reich an Leguminosen, vor allem an Kleearten. Sein Produktionswert wird um so besser sein, je höher sein Eiweiß- und je niedriger sein Rohfasergehalt ist. Sehr gutes Heu hat etwa ein Nährstoffverhältnis von 1 : 3,5, gutes ein solches von 1 : 4,9, ein schlechtes Heu ein Nährstoffverhältnis von 1 : 5,6 und weiter.

Die zweiten und alle späteren Schnitte der Wiesen werden mit *Grummet* (oder Öhmd) bezeichnet. Da hierbei der Schnitt in einem früheren Vegetationsstadium erfolgt als beim ersten Schnitt, ist das Grummet weniger rohfaserhaltig und eiweißreicher, was eine bessere Verdaulichkeit zur Folge hat, wie ein Versuch an Hammeln von Schulze und Maercker[1] zeigt:

	Heu %	Grummet %
Organische Substanz	62,0	70,5
Rohprotein	67,0	68,0
N-freie Extraktstoffe	57,0	74,0
Rohfett	16,5	31,0
Rohfaser	56,5	68,0

1) E. Schulze u. M. Maercker, Journ. Landwirtschaft, 19, 57 (1871).

b) Stroh und Spreu

Mit Stroh werden die Blätter und Stengel jener landwirtschaftlichen Kulturpflanzen bezeichnet, deren Samen ausgereift sind und ausgedroschen wurden. Die beim Dreschen abfallende Spreu besteht aus den äußeren Samenhüllen, wie Schalen und Spelzen, Blatt- und Strohteilchen, verkümmerten Körnern und Körnerresten. Die Stroharten sind besonders reich an Rohfaser. Honcamp und Ries[1] fanden folgende Mengenverhältnisse der einzelnen Bestandteile der Rohfaser in den einzelnen Stroharten, wobei sie die Rohfaser nach dem Verfahren von König bestimmten:

	Rohfaser %	Reincellulose %	Lignin %	Cutin %
Haferstroh	36,93	23,92	1,09	11,92
Sommergerstenstroh	37,70	28,82	1,02	7,83
Sommerroggenstroh	35,76	26,51	1,05	8,20
Sommerweizenstroh	37,75	29,60	0,78	7,28
Wintergerstenstroh	36,31	27,24	0,95	8,12
Winterroggenstroh	39,14	31,73	0,87	6,54
Winterweizenstroh	38,85	31,08	0,97	6,53

Den Hauptanteil der stickstofffreien Extraktstoffe in den Stroharten bilden mit über 50 % die Pentosane. Da die Stengel und Halme während der Reifung der Pflanzen einer raschen Verholzung unterliegen, bleibt nach der Reifung im Stroh und in der Spreu an stickstofffreien Extraktstoffen, Fetten und Eiweißstoffen um so weniger übrig, je vollständiger die Reife ist.

Meist beträgt der Eiweißgehalt des Getreidestrohs 2 bis 3 %, bei andauernder Trockenheit kann er bis 6 % ansteigen, bei Nässe sinken. Auch Stickstoffdüngung wirkt erhöhend auf den Proteingehalt, besonders zusätzliche Stickstoffdüngung zu einem späten Zeitpunkt. Je näher die Strohteile dem Samen liegen, desto eiweißreicher und roh-

[1]) F. Honcamp u. R. Ries, Landwirtschaftl. Versuchsstation 84, 301 (1914).

faserärmer, somit desto wertvoller für die Fütterung sind sie. Von den verschiedenen Stroharten ist das Stroh der Getreidearten sehr eiweißarm und rohfaserreich. Da das Stroh um so rohfaserreicher ist, je länger die Vegetationszeit dauert, ist das Stroh des Wintergetreides ein schlechteres Futterstroh als das des Sommergetreides, und man verwendet daher das Winterhalmstroh am besten als Einstreu und nicht für die Fütterung. Das beste Futterstroh ist das Haferstroh, das schlechteste Roggenstroh; Sommergersten- und Sommerweizenstroh stehen in der Mitte. Sommergerstenstroh wird hauptsächlich bei der Fütterung von Rindvieh, Sommerweizenstroh für Pferde verwendet. Bezüglich der chemischen Zusammensetzung der einzelnen Stroharten fanden Honcamp und Ries[1]:

	Rohprotein	Reineiweiß	N-freie Extraktstoffe	Rohfett (Ätherextrakt)	Rohfaser	Reinasche
	%	%	%	%	%	%
Haferstroh	3,09	2,70	43,79	1,65	45,54	5,93
Sommergerstenstroh	3,78	3,59	43,68	1,40	45,04	6,11
Sommerroggenstroh	3,68	3,44	48,51	1,83	42,99	2,99
Sommerweizenstroh	2,74	2,61	44,47	1,85	46,61	4,33
Wintergerstenstroh	4,59	4,32	45,39	1,46	42,62	5,77
Winterroggenstroh	3,51	3,21	43,51	1,58	46,91	4,48
Spelzweizen (Dinkel)	2,74	2,52	42,09	0,93	46,93	7,31
Winterweizenstroh	3,71	3,52	44,54	1,00	47,06	3,69
Hirsestroh (Rispenhirse)	10,58	—	35,20	2,61	41,83	9,78
Hirsestroh (Kolbenhirse)	6,73	—	43,93	1,53	38,72	9,09
Maisstroh	6,51	—	46,86	1,86	38,02	5,58
Reisstroh (Sumpfreis)	6,80	—	24,80	2,17	46,68	17,55
Reisstroh (Bergreis)	6,75	—	32,14	2,16	40,35	18,60

Nach langem Lagern verliert Stroh sein Aroma, es wird brüchig und fade im Geschmack.

Erheblich nährstoffreicher als das Stroh der Getreidearten ist dasjenige der Leguminosen; vor allem enthält es mehr Eiweiß. Doch haben die Hülsenfrüchte meistens ein

1) F. Honcamp und R. Ries, Landwirtschaftl. Versuchsstation 84, 301 (1914).

sehr grobstengeliges Stroh, das sehr reich an Rohfaser ist, und vielfach ist es von Pilzen befallen. Es ruft leicht Obstipation hervor, vor allem Erbsen-, Bohnen- und Wickenstroh. Außerdem erzeugen die letztgenannten drei Stroharten ähnliche Krankheiten wie Lupinenfutter. Das geringwertigste aller Leguminosenstroharten ist das Lupinenstroh, das beste ist Linsen- und Serradellastroh. Leguminosenstroh ist für die Pferde nicht geeignet und wird am besten als Nebenfutter für Rinder und Schafe benutzt. Die chemische Zusammensetzung von Leguminosenstroh ist aus nachfolgender Zusammenstellung ersichtlich, wobei sich die Zahlen auf Trockensubstanz beziehen:

	Roh-protein	Rein-eiweiß	N-freie Extrakt-stoffe	Rohfett	Rohfaser	Asche
	%	%	%	%	%	%
Stroh von:						
Ackerbohne	12,00	—	34,91	1,82	44,24	7,03
Gartenbohne	8,25	—	45,99	1,79	36,66	7,31
Erbse	9,62	8,65	35,65	1,98	47,29	5,46
Linse	16,61	—	32,58	2,11	40,58	8,12
Lupine	5,63	5,23	32,89	1,31	57,57	2,60
Sojabohne	7,94	—	47,63	2,19	30,04	12,20
Waldplatterbse	17,34	—	36,94	1,54	39,84	4,34
Wicke	10,13	—	34,34	2,21	46,45	6,87
Blaue Lupine	3,15	—	34,30	0,95	57,80	3,70
Gelbe Lupine	7,10	—	33,30	2,60	51,20	5,80

Zu den geringwertigsten Futtermitteln gehören Raps- und Rübsenstroh, Leindotterstroh, Buchweizenstroh. Auch Buchweizenstroh erzeugt, ähnlich wie als Grünfutter verfütterter Buchweizen, Fagopyrismus.

Obwohl das *Stroh* im allgemeinen nur einen geringen Futterwert hat, ist es doch fast ein unentbehrliches Futtermittel, da es in erster Linie das Füllmaterial, somit die Ballaststoffe, für den Magen der Wiederkäuer liefert. Sehr zweckmäßig ist es als Erhaltungsfutter.

Wie schon erwähnt, setzt sich die *Spreu* aus den bei der Samengewinnung entstehenden Abfällen zusammen, einschließlich

Schalen und Spelzen dieser Samen. Vielfach werden Schalen und Spelzen auch bei der Verarbeitung der Körnerfrüchte zu menschlichen Nahrungsmitteln gewonnen. Die Spreu enthält oft allerlei Verunreinigungen, wie Pilzsporen, Staub, giftige Unkrautsamen (z. B. Kornrade), Brandsporen, Erde und Sand, weshalb ihre Verfütterung Vorsicht erfordert. Brandsporen und Unkrautsamen werden am besten durch Brühen der Spreu vernichtet, andere Verunreinigungen möglichst durch Absieben entfernt. Die Spreu des Hafers und der nicht begrannten Gerste ist am wertvollsten, weniger wertvoll ist die Weizenspreu, am wenigsten verdaulich die Roggenspreu.

Die Spreu begrannter Getreidearten wird am besten nicht verfüttert, da die Grannen leicht Entzündungen in den Schleimhäuten der Verdauungswege hervorrufen. Auch ist zu beachten, daß zuweilen ein Strahlenpilz (Actinomyces bovis) auf der Getreidespreu vorkommt und Geschwüre in den Verdauungsorganen erzeugt; durch Dämpfen des Futters wird der Pilz getötet. Reisspelzen und Hirseschalen sind wegen ihres hohen Rohfaser- und Kieselsäuregehaltes besonders minderwertig. Die Hülsenfruchtspreu ist im allgemeinen höher zu bewerten, weil die Leguminosenschalen im allgemeinen hochverdaulich sind. Besonders wertvoll ist die Spreu von Linsen und Klee, weniger die Hülsen von Erbsen, Bohnen, Wicken. Bei der heutigen Intensivierung des Raps- bzw. Rübsenbaues ist von Interesse, daß Raps- und Rübsenschoten für Wiederkäuer eine gute Verdaulichkeit besitzen[1]. Senf-, Buchweizen-, Leinspreu sind im allgemeinen schlechter verdaulich als Getreidespreu. Besonders schlechte Futtermittel sind die Schalen von Erdnüssen und der Kaffeebohne, des Kakaos und des Buchweizens. Dagegen sind die Maisschalen gut verdaulich.

Auch die besten der Spreuarten sind ähnlich wie das Stroh höchstens als ballastreiches Futter zur Sättigung der Tiere anzusehen. Vielfach werden die Schalen und Spelzen zur Streckung anderer Futtermittel, vor allem Kleien, verwendet, manchmal auch als Melasseträger, was natürlich eine Verschlechterung dieser Futterstoffe bedeutet.

c) Rauhfutterersatzmittel

Laub- und Reisigfutter, Baumlaub, Heidekraut und dergleichen kommen höchstens in Zeiten größter Futternot als

1) K. Scharrer u. R. Schreiber, Landw. Forschung 3, 34 (1951).

Futtermittel in Frage und nur dazu, um bei den Tieren das Gefühl der Sättigung hervorzurufen. Zu erwähnen sind von solchen Futtermitteln das Schilfrohr (Arundo phragmites), das Seegras (Zostera marina), getrockneter Tang (Fucus), Heidekraut (Calluna vulgaris), Renntierflechte (Cladonia rangiferina), Isländisches Moos (Cetraria islandica). Die sehr geringe Verdaulichkeit des Heidekrautes ist auf den sehr hohen Gehalt an Gerbstoffen zurückzuführen.

Auch Baumlaub und Laubheu werden in Notzeiten verfüttert. Laubheu ist im allgemeinen nur für Wiederkäuer zu verwenden. Mit Ausnahme der Traubenkirsche, des Faulbaums und des Goldregens sind Laub und junge Triebe fast aller Holzarten als Futtermittel zu gebrauchen. Nach Untersuchungen der Forstakademie Tharandt beträgt der Rohproteingehalt des Laubheues der wichtigsten Laubholzarten zwischen 27 % bei Schwarzem Holunder und 12,7 % bei der Rotbuche; die wichtigsten Laubholzarten ordnen sich dann in der abfallenden Reihe Schwarzer Holunder, Bergahorn, Feldrüster, Sommerlinde, Spitzahorn, Espe, Schwarzerle, Bruchweide, Winterlinde, Salweide, Eiche, Esche, Weißbuche, Roßkastanie, Weißerle, Eberesche, Birke, Haselnuß, Rotbuche. Für die Laubgewinnung eignen sich besonders Ahorn, Akazien, Birken, Buchen, Eschen, Haselnuß- und Himbeersträucher, Linde. Die Nadeln der Koniferen kommen als Hauptfuttermittel nicht in Betracht; in geringen Mengen als Beifutter gegeben, wirken sie appetitanregend. Fast wertlos ist das Reisigfutter. Holz- und Sägemehl besitzt keinen Futterwert. Da es den Produktionswert der mitverfütterten Stoffe herabgesetzt, ist es auch als Melasseträger völlig ungeeignet.

d) Strohaufschließung

Der Zweck der Strohaufschließung besteht in einer möglichst weitgehenden Herauslösung der inkrustierenden Substanzen und einer Lockerung des Zusammenhanges der Cellulose mit ihren Begleitsubstanzen. Man führt dies durch Behandlung des Strohs mit Alkalien mit und ohne Erhitzen bzw. mit und ohne Druck herbei. Bei dem Verfahren von Lehmann wird Stroh in Kugelkochern mit Natronlauge bei 4—5 Atm. Druck 6 Stunden aufgeschlossen, wobei die Ausbeute etwa 55—60 % beträgt. Nach dem Abkühlen kann das aufgeschlossene Stroh sofort verfüttert werden. Durch Abspaltung der Acetylgruppen aus dem Lignin wird bei höherer Temperatur die verwendete Lauge neutralisiert, so daß sogar noch freie Essigsäure zurückbleibt, die dem aufgeschlossenen Produkt einen säuerlichen Geschmack gibt. Wird ohne Druck aufgeschlossen, so muß die überschüssige Lauge so lange mit Wasser ausgewaschen werden, bis Lackmuspapier nicht mehr gebläut wird. Das Verfahren von Colsmann arbeitet ohne Druck und gibt eine Ausbeute von 60—70%. Beckmann schließt das Stroh in der Kälte mit Natriumhydroxyd auf, wodurch sich diese Methode besonders für die landwirtschaftliche Praxis eignet. Um den gleichen Aufschlußgrad ohne Druck zu erzielen, muß eine stärkere Laugenkonzentration als mit Druck verwendet werden. Statt Natriumhydroxyd können auch Ätzkalk und Soda als Aufschlußmittel genommen werden. Durch die Strohaufschließung wird ein Futtermittel erhalten, das je nach der Art des Aufschlusses im Futterwert Wiesenheu oder Kleie entspricht und für Pferde und Wiederkäuer geeignet ist, nicht aber für Schweine. Zur Strohaufschließung eignet sich im wesentlichen nur Getreidestroh. Auch Holz kann entweder mit Natronlauge oder durch Kochen mit Sulfitlauge aufgeschlossen werden; dabei sind aber noch größere Mengen von Natriumhydroxyd erforderlich, so daß das Verfahren in normalen Zeiten unwirtschaftlich ist, zumal schon die Methode der Strohaufschließung nur in Zeiten der Futternot angewandt werden wird und in normalen Zeiten zu teuer ist.

4. Wurzel- und Knollenfrüchte

Die Wurzel- und Knollenfrüchte sind ein Kohlenhydratfutter. Bemerkenswert ist ihr sehr hoher Wassergehalt, der 70—90 % und noch mehr beträgt, und ihr geringer Rohfasergehalt, weshalb sie hochverdaulich sind. Gering ist auch ihr Fett- und Eiweißgehalt. Von ihren Stickstoffsubstanzen sind 30—70 % Amide. Sie sind zwar reich an Basen und besitzen gegenüber den anorganischen Säuren einen Basenüberschuß; diese Basen bestehen aber hauptsächlich aus Kalium und Natrium, während Calcium und Magnesium nur in geringer Menge vorhanden sind. Die Gesamtalkalität wird somit hauptsächlich durch die Alkalien gebildet, ihre Alkali-Alkalität ist daher positiv, ihre Erdalkalität jedoch negativ. Auch Phosphorsäure ist wenig vorhanden. Die hier in Frage kommenden Futtermittel sind daher ausgesprochen kalk- und phosphorsäurearm, was bei ihrer Verfütterung wohl zu beachten ist. Die Wurzel- und Knollenfrüchte haben eine leicht laxierende Wirkung, eine Eigenschaft, die besonders für die Ernährung der Milch- und Masttiere wichtig ist; sie wirken somit diätetisch günstig.

Die Kartoffeln werden meist gedämpft oder gekocht verabreicht, das Dämpfwasser ist für Ernährungszwecke nicht verwertbar, dagegen werden die Rüben fast immer roh und grob zerkleinert verfüttert. An Schweine werden sie manchmal auch gedämpft verabreicht, wobei jedoch das Dämpfwasser, das wertvolle, leicht lösliche Kohlenhydrate enthält, mit zu verwerten ist. Da bei ungünstigem Erntewetter die Wurzel- und Knollenfrüchte durch Sand und Erde stark verunreinigt sind, ist für entsprechende Reinigung unbedingt zu sorgen, da sonst bei den Tieren schwere Erkrankungen auftreten können, z. B. die sogenannte Sandkolik bei den Pferden. Da die Wurzelfrüchte in erster Linie Kohlenhydratfutter sind, ist Beifütterung von genügend eiweißreichen Futtermitteln und auch von Ballaststoffen notwendig (bei allen Tieren mit Ausnahme des Schweines). In zu großen Mengen verfüttert, wirken die Wurzel- und Knollenfrüchte erschlaffend auf die Verdauungsorgane, weshalb man meist nicht mehr als ¼ bis ⅓ der gesamten Futtertrockensubstanz in Form dieser Futtermittel verabreicht. An Jungtiere gibt man weniger davon, besonders Fohlen bekommen am besten nur ab und zu kleine Mengen an Rüben. Langsam arbeitende Pferde und Arbeitsochsen vertragen mehr als rasch arbeitende Pferde, die bei zuviel Wurzelfrüchten im Futter leicht zu sehr schwitzen. Schafe sind gegenüber dauernder Aufnahme zu wasserreichen Futters sehr empfindlich und erkranken leicht. Dagegen vertragen Schweine große Mengen von Wurzel- und Knollenfrüchten.

a) Rüben und rübenartige Gewächse

Hierher gehören die Futter- und Zuckerrübe (Beta vulgaris), die Kohlrübe oder Wruke (Brassica napus esculenta), die Stoppel- oder Wasserrübe (Brassica rapa rapifera), die Mohrrübe (Daucus carota sativa), die Pastinake (Pastinaca sativa), die Wurzelzichorie (Cichorium intybus sativum). Alle diese Futtermittel enthalten große Mengen Zucker, nämlich die Trockensubstanz der Zuckerrübe etwa 70 %, der Runkelrübe über 50 %, der Mohrrübe und Kohlrübe über 50 %, der Stoppelrübe 50—60 %. Stärke enthalten nur die Mohrrüben, alle Rübenarten dagegen ziemliche Mengen Pektinsubstanz. Bei den Runkelrüben bestehen etwa 60 %, bei den Stoppelrüben 45 % und bei den Mohr- und Kohlrüben rund 45 % des Gesamtstickstoffs aus nicht eiweißartigen Stoffen, wie Amiden und Nitraten. Die Rüben enthalten auch ziemlich viel organische Säuren, wie Apfelsäure, Oxalsäure, Weinsäure. Mit der Größe der einzelnen Rüben nimmt der Wassergehalt zu und der Trockensubstanzgehalt ab. Neben Sorte, Boden, Ernährung und Witterung ist der Standraum von Einfluß auf das Rübengewicht. Je weiter die Pflanzen auseinanderstehen, desto größer werden die Rüben, desto niedriger ist der Trockensubstanzgehalt, was eine Senkung des Zuckergehaltes und eine Erhöhung der stickstoffhaltigen Stoffe nichteiweißartiger Natur bedeutet.

Betarüben. Zur Verfütterung gelangen die *Futterrübe* oder Futterrunkel und die *Zuckerrübe*. Ihre Zusammensetzung ist:

	Trockensubstanz	Rohprotein	N-freie Extraktstoffe	Rohfett (Ätherextrakt)	Rohfaser	Asche
	%	%	%	%	%	%
Futterrunkeln .	13	1,2	9,5	0,1	0,8	0,9
Zuckerrüben . .	19	1,0	15,7	0,1	1,1	0,6

Die Zuckerrübe enthält somit mehr Trockensubstanz als die Futterrübe, was hauptsächlich auf den höheren Zuckergehalt zurückzuführen ist. Die Stickstoffsubstanzen bestehen der Hauptsache nach aus Asparagin, Betain, Glutamin und Leucin und aus Nitraten; die echten Eiweißstoffe treten ganz in den Hintergrund. Mit Zunahme des Zuckergehaltes geht der Gehalt an Mineralstoffen zurück, die im wesentlichen aus Alkalien bestehen.

Die Verdaulichkeit der Futter- und Zuckerrüben geht aus nachstehender Übersicht hervor, die zeigt, daß zwischen den beiden Futtermitteln nur geringe Unterschiede bestehen (die Zahlen bedeuten Verdauungskoeffizienten):

	Rohprotein %	N-freie Extraktstoffe %
a) *Vom Wiederkäuer:*		
Futterrunkeln (roh)	77	96
Zuckerrüben (roh)	62	95
b) *Vom Schwein:*		
Futterrunkeln (gedämpft)	58	52
Zuckerrüben (gedämpft)	96	99

Die Runkelrüben sind besonders für Milchvieh geeignet und werden an Kühe in Mengen von 30—50 kg je Tag und Kopf verfüttert. Auch Mastrinder erhalten bis zu 50 kg, Schweine nach Alter und Gewicht 2—10 kg, Arbeits- und Jungtiere nur mäßige Mengen. Die Zuckerrüben eignen sich besonders für Tiere mit enzymatischer Verdauung, vor allem somit für die Schweine, bei denen ein großer Teil der Kartoffeln durch Zuckerrüben ersetzt werden kann, während die Zuckerrüben für Tiere mit bakterieller Verdauung, wie die Wiederkäuer, infolge der dabei auftretenden Verdauungsdepression nicht in Frage kommen. An Schweine und Pferde gibt man von Zuckerrüben, ihrem hohen Trockensubstanzgehalt entsprechend, weniger als von Futterrüben. Verwendet man bei Mastschweinen statt der Kartoffeln Zuckerrüben, so hat man sich daran zu erinnern, daß ihr Eiweißgehalt niedriger ist. Mastschweine erhalten die Zuckerrüben als Hauptfutter in rohem Zustand, jedoch bis auf Erbsengröße zerkleinert. Falls eine Zerkleinerung nicht möglich ist, so gibt man die Zuckerrüben gedämpft, wobei das anfallende zuckerhaltige Dämpfwasser mit verabreicht wird. An Mastschweine erfolgt die Verfütterung am besten erst, nachdem die Tiere ein Gewicht von etwa

35 kg erreicht haben, wobei man zweckmäßig 20 % frische oder eingesäuerte, gedämpfte Kartoffeln beifüttert. Gemeinsames Dämpfen von Zuckerrüben und Kartoffeln muß aber vermieden werden, da die Zuckerrüben länger gedämpft werden müssen; außerdem muß das Kondenswasser bei Verarbeitung von Kartoffeln weggegossen werden.

Die Zuckerrübe gewinnt eine immer größere Bedeutung für die Tierernährung, da sie von einer gegebenen Fläche unter allen Nutzpflanzen den höchsten Ertrag erbringt und es unter den heutigen Verhältnissen wichtig ist, die Tiere von möglichst kleinster Fläche ernähren zu können. Außerdem kann sie in der Schweinemast die für die menschliche Ernährung unentbehrliche Kartoffel in Notzeiten weitestgehend ersetzen.

Brassicarüben. Die *Kohlrübe* oder Wruke besitzt folgende Zusammensetzung:

Wasser	83,1—91,1 %	im Mittel	86,5 %
Rohprotein	0,7— 3,9 %	„ „	1,6 %
Stickstofffreie Extraktstoffe	5,8—13,3 %	„ „	9,5 %
Rohfett	0,1— 0,6 %	„ „	0,2 %
Rohfaser	0,6— 2,6 %	„ „	1,2 %
Asche		„ „	1,0 %

Die *Kohlrübe* enthält neben Saccharose überwiegend Glukose. Die Verdaulichkeit der Kohlrübe beträgt nach Versuchen von Lehmann und Vogel[1] an Wiederkäuern:

Trocken-substanz %	Roh-protein %	N-freie Extrakt-stoffe %	Rohfett %	Rohfaser %
96,3	62,3	99,1	93,5	100,0

Für Rindvieh und besonders Milchtiere ist die Kohlrübe ein gutes Beifuttermittel. Werden größere Kohlrübenmengen verfüttert, so nimmt die Milch häufig einen Kohl-

1) F. Lehmann und J. H. Vogel, Journ. Landwirtschaft 38, 165 (1890).

rübengeschmack an, der sowohl durch den Übergang gewisser Geschmacksstoffe aus der Wruke in die Milch, wie auch durch eine Bakterienart erzeugt wird, die der Kohlrübe anhaftet. Erfahrungsgemäß wird die Butter durch starke Kohlrübenfütterung gelb gefärbt. Der Tatsache, daß die Milch den Kohlrübengeschmack annimmt, läßt sich weitgehend durch Vornahme des Melkens in einem Nebenraum und durch Reinhaltung der Kühe begegnen.

Die Zusammensetzung der *Stoppel-* oder *Wasserrübe* (Turnips) ist folgende:

Wasser	76,7—88,3 %	im	Mittel	80,9 %
Rohprotein	1,1— 1,6 %	„	„	1,3 %
Stickstofffreie Extraktstoffe	8,2—18,2 %	„	„	14,5 %
Rohfett	0,2— 0,3 %	„	„	0,2 %
Rohfaser	1,6— 2,6 %	„	„	2,1 %
Asche		„	„	1,0 %

Die Verdaulichkeit beträgt in Stoffwechselversuchen mit Hammeln:

	V. K.
Organische Substanz	77,8 %
Rohprotein	57,1 %
Stickstofffreie Extraktstoffe	88,4 %

Wegen ihres hohen Wassergehaltes sind die Stoppelrüben nur als Nebenfutter für Milchvieh, Mastrinder und Schweine zu benützen. Da der Geschmack der Milch und Butter ungünstig beeinflußt wird, werden am besten keine höheren Mengen als 10—12 kg verfüttert. Auch bei der Stoppelrübe setzen sich die stickstofffreien Extraktstoffe aus Saccharose und Glukose zusammen.

Umbelliferen-Rüben. Die *Mohrrübe,* Gelbe Rübe oder Karotte hat folgende mittlere Zusammensetzung:

Wasser	86,0 %
Rohprotein	1,3 %
Stickstofffreie Extraktstoffe	10,0 %
Rohfett	0,3 %
Rohfaser	1,4 %
Asche	1,0 %

Die stickstoffreien Extraktstoffe enthalten Saccharose und Fruktose, aber auch Stärke, Dextrin und Pektine. Durch ihren Carotingehalt sind sie wertvoll, da dieser das Provitamin A darstellt, das in der Leber bzw. im Dünndarm der Tiere in das eigentliche Vitamin A verwandelt wird. Bei Pferden zeigen die Mohrrüben folgende Verdaulichkeit:

	V. K.
Trockensubstanz	84,9 %
Organische Substanz	87,2 %
Rohprotein	99,3 %
N-freie Extraktstoffe	93,8 %

Die Mohrrüben sind an alle landwirtschaftlichen Nutztiere zu verfüttern. Beim Milchvieh macht sich der Carotingehalt dadurch vorteilhaft bemerkbar, daß die Butter an Carotin angereichert wird und eine schöne gelbe Farbe erhält. Sie eignen sich zur Mast von Rindern und Schafen, da sie die Schlachtprodukte günstig beeinflussen. Bei Schweinen kann man sie als Hauptfutter verabreichen, und zwar gedämpft oder gekocht. An Mastrinder gibt man bis zu 40 kg täglich, an Milchvieh bis zu 30 kg, an Pferde bis 10 kg. In gesundheitlicher Hinsicht wirken die Mohrrüben äußerst günstig, da sie die Verdauung anregen. Sie werden als Vorbeugungsmittel gegen die sogenannte Druse an Pferde verfüttert, aber auch gegen die erhitzende Wirkung des Futters beim Übergang zur Winterfütterung.

Die *Pastinakrübe* hat folgende mittlere Zusammensetzung:

Wasser	80,9 %
Rohprotein	1,3 %
Stickstofffreie Extraktstoffe	14,5 %
Rohfett	0,2 %
Rohfaser	2,1 %
Asche	1,0 %

Ihre Verfütterung hat einen günstigen Einfluß auf Qualität und Quantität der Milch. Sie eignet sich als Futter für Pferde und Fohlen, auch zur Hammel- und Rindviehmast.

Die *Zichorie* ist eine Komposite, die vor allem zur Herstellung von Kaffee-Ersatz dient. Der hohe Gehalt ihrer Wurzeln an stickstofffreien Extraktstoffen besteht überwiegend aus Inulin. Das Zichorienschrot ist somit ein wertvolles Futtermittel, das zwar einen bitteren Geschmack besitzt, an den sich die Tiere aber rasch gewöhnen.

b) Kürbis, Melone

In Anschluß an die Hackfrüchte sind der *Kürbis* (Cucurbita) und die *Vieh-* oder *Wassermelone* (Citrullus vulgaris) zu erwähnen. Die stickstofffreien Extraktstoffe dieser Früchte enthalten Saccharose, Stärke und organische Säuren. Sie sind Beifuttermittel mit günstiger diätetischer Wirkung. Der Kürbis ist wasserreicher als die Rübe; doch sind seine Nährstoffe ausgezeichnet verdaulich.

Der Nährwert von Melonen, die noch wasserreicher als der Futterkürbis sind, beruht auf ihrem Gehalt an Kohlenhydraten, die hauptsächlich aus Glukose bestehen.

Kürbisse und Melonen sind nur begrenzt haltbar, weshalb sie, soweit sie nicht frisch verfüttert werden können, eingesäuert werden müssen. Infolge ihres hohen Wassergehaltes wird durch die Melonenfütterung an Mastvieh die Qualität von Fleisch und Fett ungünstig beeinflußt.

c) Kartoffel

Die *Kartoffel* (Solanum tuberosum) enthält von Nährstoffen hauptsächlich Stärke. Ihr Wassergehalt liegt zwischen 65 und 85 %. Der mittlere Trockensubstanzgehalt liegt bei 25 %, der Stärkegehalt um 20 %. Glukose und Saccharose finden sich neben Stärke nur in sehr kleinen Mengen (0,3—0,4 %). Fettgehalt und Eiweißgehalt sind gering, doch besitzt das Kartoffeleiweiß eine hohe biologische Wertigkeit, was bei den großen Kartoffelmengen, die von Mensch und Tier verzehrt werden, von erheblicher ernährungsphysiologischer Bedeutung ist. Die mittlere Zusammensetzung der Kartoffel ist:

Trockensubstanz	25,0 %
Rohprotein	2,0 %
Reinprotein	1,0 %
Stärke	18,0 %
Rohfett	0,2 %
Rohfaser	0,8 %
Asche	1,0 %

Der Aschengehalt der Kartoffel ist etwa 1 %, die einzelnen Mineralstoffe betragen, bezogen auf die ursprüngliche Kartoffel:

Cl	0,04 %	MgO	0,06 %
K_2O	0,60 %	Na_2O	0,02 %
CaO	0,03 %	P_2O_5	0,14 %
SiO_2	0,02 %	SO_3	0,06 %

Betrachtet man das Säure-Basenverhältnis, so überwiegen zwar die Basen. Die Gesamtalkalität ist positiv; doch wird sie durch eine positive Alkali-Alkalität[1] hervorgerufen, während die Erdalkalität negativ ist. Mit anderen Worten ausgedrückt, bedeutet dies, daß zwar die Summe der Basenäquivalente die der anorganischen Säuren überwiegt, die Alkalien Kalium und Natrium aber vorherrschen, während wenig Calcium und Magnesium vorhanden sind. Außerdem ist das Verhältnis von Na : K ungünstig, weil mehr K als Na vorhanden ist, und ebenso das Verhältnis von Ca : P, weil mehr Phosphorsäure als Calcium zugegen ist. Bei Verfütterung großer Mengen der Kartoffeln muß man sich daher stets vergegenwärtigen, daß die wichtigen, für die tierische Ernährung, besonders des Milchviehs und der wachsenden Tiere, ausschlaggebenden Elemente Calcium und Phosphor relativ in einem schlechten Verhältnis zueinander und absolut in viel zu geringen Mengen vorhanden sind. Es muß daher dafür gesorgt werden, daß ein Beifutter gegeben wird, das viel Ca und P und auch Na enthält; gegebenenfalls ist durch Beifütterung von Futterphosphat und Viehsalz diesem Defizit Abhilfe zu schaffen.

1) Alkali-Alkalität = K + Na — S — Cl (ausgedrückt in Millival);
Erd-Alkalität = Ca + Mg — P (ausgedrückt in Millival).
Die Summe beider ist die Gesamt-Alkalität.

Außerdem ist stets zu berücksichtigen, daß bei Kartoffelmast entsprechende Mengen von Eiweiß beizufüttern sind, um den Eiweißmangel der Kartoffel auszugleichen.

Sehr wichtig für die menschliche Ernährung ist auch, daß die Kartoffel bemerkenswerte Mengen von Vitamin C besitzt, die allerdings beim Lagern und Keimen der Kartoffel abnehmen, besonders wenn die Aufbewahrung unzweckmäßig erfolgt. Auch Vitamin B und A sind in den Kartoffeln enthalten, wenn auch in geringeren Mengen.

In der Kartoffelknolle sowie in allen übrigen Teilen dieser Pflanze kommt ein Giftstoff vor, das Solanin, und zwar in normalen Kartoffelknollen etwa zwischen 2 bis 10 mg%, wobei ein Gehalt von über 20 mg% gesundheitsschädlich ist. Am meisten Solanin weisen die Kartoffelkeime auf; sie sind deshalb vor der Verfütterung zu entfernen. Die unreifen Kartoffeln haben einen höheren Solaningehalt als die reifen, die unreifen kleinen Knollen einen höheren als die unreifen größeren. Für die tierische Ernährung ist wichtig, daß die Schalenkartoffeln mehr Solanin aufweisen als die geschälten. Am Licht gelagerte und ergrünte Kartoffeln besitzen etwa das Dreifache ihres ursprünglichen Solaningehaltes. Starke einseitige Stickstoffdüngung erhöht den Solaningehalt.

Der Futterwert der Kartoffel wird von Sorte, Boden, Düngung und Witterung beeinflußt. Vor allem wird durch nasse Witterung eine wasserreiche, stärkearme Knolle erzielt, ebenso durch starke Stickstoffdüngung und vorzeitige Ernte. Durch Düngung mit Kalirohsalzen und chlorhaltigen, konzentrierten Kalisalzen wird der Stärkegehalt herabgesetzt, während die Kalidüngemittel mit dem Anion Sulfat (schwefelsaures Kali, Patentkali) die Qualität verbessern. Der Rohertrag wird durch Stickstoffdüngung zwar erhöht; am besten für Ertrag und Qualität ist aber eine harmonische Volldüngung mit Wirtschafts- und Handelsdüngemitteln.

Rohe Kartoffeln, in größeren Mengen verfüttert, erzeugen leicht Durchfall, Aufblähen, Kolik, bei tragenden Tieren Verwerfen. Erfahrungsgemäß zeigt das Rind die geringste Empfindlichkeit gegen rohe Kartoffeln. Es kann bei der Mast, bezogen auf 1000 kg Lebendgewicht, bis 60 kg ohne Nachteile aufnehmen; Arbeitsochsen vertragen täglich bis zu 20 kg, Milchvieh bis 25 kg; Abmelkkühe bis zu 40 kg rohe Kartoffeln, jeweilig auf 1000 kg Lebendgewicht bezogen. Wesentlich für die Verträglichkeit dieser hohen Rationen roher Kartoffeln ist jedoch die allmähliche Gewöhnung daran, wobei der jeweilige Tagesbedarf in Scheiben zu schneiden ist. Ferner ist auch die Art des verabreichten Beifutters wichtig; in erster Linie ist viel Rauhfutter wesentlich und die Beigabe mild wirkender Ölkuchen (Kokoskuchen, Sesam- und Leinkuchen), wogegen Futtermittel auszuschalten sind, die schon an und für sich einen Reiz auf die Verdauungsorgane ausüben, wie Sauerfutter, Rapskuchen, Melasse, Malzkeime. Von allergrößter Wichtigkeit ist aber, daß die Kartoffelknollen gut gewaschen werden und sie gesund, gut ausgereift und nicht gekeimt sind. Rohe Kartoffeln werden von Schafen ebensogut wie vom Rind vertragen; bei der Mast können sie bis zu 40 kg, ansonsten bis 25 kg je Tag und 1000 kg Lebendgewicht vertragen. Dagegen sind Pferde gegen rohe Kartoffeln empfindlich; jedoch werden Mengen von 1½ bis 2½ kg je Tier und Tag ohne weiteres aufgenommen. Bei entsprechender Aufsicht können an langsam arbeitende Pferde bis 12 kg je Tag und 1000 kg Lebendgewicht gegeben werden. Jungvieh und tragende Tiere erhalten am besten keine rohen Kartoffeln. Auch für Schweine sind rohe Kartoffeln ungeeignet, wogegen gedämpfte oder gekochte Kartoffeln bis zu Gaben von 70—80 kg je Tag und 1000 kg Lebendgewicht ohne weiteres gefressen werden. Allerdings sind Kartoffeln in gekochtem oder gedämpftem Zustand eine ziemlich reizlose Nahrung, weshalb man ihnen etwas Viehsalz beimischt. Von gedämpften Kartoffeln vertragen die Rinder mehr als von rohen. Kartoffeln werden auch in getrocknetem, eingesäuertem oder eingeweichtem Zustand verfüttert.

Die Herstellung von Trockenkartoffeln hat den Vorzug, daß man die Kartoffeln im getrockneten Zustand viel besser aufbewahren kann und erhebliche Lagerungsverluste auf diese Weise zu vermeiden sind. Die Herstellung von Trockenkartoffeln erfolgt entweder so, daß man Feuergase auf die zerkleinerten Kartoffeln einwirken läßt, oder die zuerst gedämpften Kartoffeln werden zwischen langsam rotierenden, dampfgeheizten Walzen zu einer papierdünnen Schicht ausgepreßt, die auf den Walzen rasch trocknet und durch schräggestellte Messer entfernt wird. Werden Feuergase zur Trocknung benutzt, so spricht man von Kartoffelscheiben bzw. Kartoffelschnitzeln, während die zwischen Walzen getrockneten Produkte Kartoffelflocken genannt werden. Schließlich wird auch ein Verfahren verwendet, bei dem das Wasser aus den zerriebenen Kartoffeln durch Auspressen entfernt und das Preßgut getrocknet wird. Diese getrockneten Kartoffeln sind ein vorzügliches Futtermittel für alle Tiere; besonders die Kartoffelflocken und Preßkartoffeln haben sich in der Schweinemast bewährt. Von Schweinen werden, bezogen auf 1000 kg Lebendgewicht, an Flocken und Preßkartoffeln 25—30 kg, an Schnitzeln 16—20 kg verzehrt; dadurch, daß beim Trocknen mittels der heißen Feuergase manchmal schwefelige Säure, Flugasche oder teerige Substanzen in die Kartoffeln übergehen, werden die Schnitzel vom Schwein nicht so gern aufgenommen wie die Kartoffelflocken und Preßkartoffeln. Die Verfütterung der Trockenkartoffeln an Schweine erfolgt aufgebrüht in erweichtem Zustand oder man rührt sie vor der Verabreichung mit Wasser, Magermilch oder Molken an. Es dürfen nur immer so viel, als man braucht, erweicht werden, da angefeuchtete Trockenkartoffeln rasch sauer werden. Die Trockenkartoffeln sind für Pferde und Rinder ein sehr brauchbares Futtermittel. Kartoffelpreßschrot wird seit neuestem dadurch hergestellt, daß man durch Abpressen des Kartoffelsaftes zu etwa 60 % des Rohgewichtes der Kartoffel die dann erst vorgenommene eigentliche Trocknung billiger gestaltet.

Auch in Form eingesäuerter Kartoffeln (Sauerkartoffeln) kann man die Kartoffeln verwenden. Die Sauerkartoffeln werden vom Schwein am besten verdaut, darauf folgen Schaf, Rind, Pferd und Geflügel. Besonders bei Verfütterung von Sauerkartoffeln darf nicht versäumt werden, Schlämmkreide oder phosphorsauren Futterkalk beizufüttern. Milchvieh verträgt bis zu 20 kg Sauerkartoffeln, höhere Gaben wirken ungünstig auf den Fettgehalt der Milch. Auch an Arbeitspferde kann man 20 kg Sauerkartoffeln je Tier und Tag verfüttern. Bei Schafen wurden Verdauungsversuche mit gedämpften und eingesäuerten Kartoffeln von Scharrer und Schreiber[1] durchgeführt und dabei folgende Verdauungskoeffizienten festgestellt: Organische Substanz 85,3 %, Rohprotein 53,2 %, stickstofffreie Extraktstoffe 96,0 %.

Aus Kartoffeln wird manchmal süße Maische in der Weise bereitet, daß die Kartoffeln mit einer geringen Menge Malz (0,3—0,5 kg je 100 kg Kartoffeln) behandelt werden. Wird diese süße Maische frisch und warm verfüttert, so ist sie ein bekömmliches Futter; wenn sie aber längere Zeit steht, wird sie sauer und erzeugt leicht Durchfall. Auch ist bei nicht sofortiger Verfütterung die Gefahr gegeben, daß durch wilde Hefen eine alkoholische Gärung erzeugt wird, was natürlich die Tiere schwer schädigen würde.

d) Topinamburknollen

Die Knollen der *Topinamburpflanze* (Helianthus tuberosus) oder Erdbirne, einer Komposite, enthalten keine Stärke, sondern Inulin und Lävulose. Inulin ergibt bei der Hydrolyse Fruktose (Lävulose), den süßesten Zucker, der auch von Diabetikern genossen werden kann. Der Anbau der Topinamburpflanze hat daher auch schon wegen der Inulinerzeugung eine große Bedeutung; allerdings ist wegen der schlechten Kristallisationsfähigkeit die Gewin-

1) K. Scharrer u. R. Schreiber, Tierernährung (Leipzig) 14, 345 (1942)

nung von Fruktose sehr schwierig. Die Topinamburknollen haben folgende Zusammensetzung:

Trockensubstanz	15,8—25,5 %	im Mittel	20,0 %
Rohprotein	0,7— 3,6 %	„ „	2,0 %
Stickstofffreie Extraktstoffe	13,3—19,9 %	„ „	15,6 %
Rohfett	0,4— 1,4 %	„ „	0,9 %
Rohfaser	0,5— 3,3 %	„ „	1,3 %
Asche			0,9 %

Die Topinamburknollen sind mithin wasserreicher als die Kartoffeln und halten sich daher schlechter als diese. Da sie große Kälte ohne weiteres vertragen, ist es am besten, sie an der Pflanze im Boden überwintern zu lassen; evtl. können sie auch eingesäuert werden. Die Topinamburknollen sind, wie Versuche von Scharrer und Schreiber[1] an Schweinen gezeigt haben, hochverdaulich. Die Topinamburknollen können an alle Tiere verfüttert werden, am besten roh oder eingesäuert. Bezüglich ihres Futterwertes in gedämpfter Form stehen sie den gedämpften Kartoffeln ziemlich nahe, wenn sie sie auch nicht ganz erreichen (Stärkewert der gedämpften eingesäuerten Topinamburknollen 10,70 kg, Stärkewert von wasserreichen Kartoffeln 13,2 kg, von wasserarmen Kartoffeln 20,5 kg). Auch die roh eingesäuerten Topinamburknollen zeigen bezüglich ihres Futterwertes eine große Ähnlichkeit mit den gedämpften Kartoffeln. Andererseits ist eine Überlegenheit des Topinamburs gegenüber der Kartoffel durch die restlose Verwendung des Topinamburkrautes für Fütterungszwecke gegeben, das selbst in einem Zustand noch verfütterungsfähig ist, in welchem das Kartoffelkraut infolge gänzlicher Verholzung nicht mehr verwendet werden kann.

Nach Forschungen von Fingerling[2] werden die Topinamburknollen im tierischen Organismus ähnlich wie die Runkelrüben bakteriell verdaut und nicht enzymatisch

1) K. Scharrer u. R. Schreiber, Tierernährung (Leipzig), 15, 355 (1943).
2) K. Scharrer, Mitteilg. Landwirtschaft 59, 1018 (1944).

wie die Kartoffeln. Da nun das Schwein hauptsächlich enzymatisch verdaut, nutzt es die Topinamburknollen nicht so gut aus wie die Wiederkäuer. In den Versuchen von Fingerling bestand kein Unterschied in der Verwertung von rohen und gekochten Topinamburknollen durch das Schwein. Da die Topinamburpflanze enorme Massenerträge erbringt und auch das Kraut als Grünfutter oder eingesäuert gut verwertbar ist, wäre ihr vermehrter Anbau vom Standpunkt der Tierernährung durchaus empfehlenswert. Werden die Knollen in zu großen Mengen verfüttert, erzeugen sie allerdings Durchfall.

5. Die Körnerfrüchte

Unter den Körnerfrüchten versteht man die Samen vieler landwirtschaftlich genutzter Pflanzen, besonders aus den Familien der Gramineen und Papilionaceen. Da sie relativ wasserarm, dagegen reich an Kohlenhydraten (wie die Getreidekörner) oder Eiweiß (wie die Leguminosenkörner) sind, kann man sie als konzentrierte Futtermittel bezeichnen. Der Rohfasergehalt der Körnerfrüchte hängt von ihrem Gehalt an Schalen und Spelzen ab, die meist ziemlich viel Lignin enthalten und reich an Kieselsäure sind. Bespelzte oder mit Schalen versehene Körnerfrüchte sind daher viel schlechter verdaulich als nackte und geschälte. Die Getreidekörner sind in ihrem Kleieanteil reich an Vitamin B_1. Sie enthalten viel Phosphorsäure und Magnesium, aber wenig Calcium, so daß das Verhältnis von Ca : P in den Getreidekörnern ein ungünstiges ist; außerdem weisen sie Säureüberschuß auf, was bei der Ernährung der Tiere entsprechend berücksichtigt werden muß.

Durch Stickstoffdüngung kann der Eiweißgehalt der Körnerfrüchte im allgemeinen erhöht werden, besonders auch nach dem Verfahren von Selke[1] durch späte zusätzliche Stickstoffdüngung. Da normalerweise der Höhe der Stickstoffdüngung beim Getreide durch die Lagergefahr eine Grenze gesetzt ist, wird bei dieser Methode die zusätzliche Stickstoffgabe erst nach dem

1) W. Selke, Bodenkunde u. Pflanzenernährung 20, 1 (1941).

Ährenschieben zu einem Zeitpunkt verabreicht, in welchem das vegetative Wachstum im wesentlichen abgeschlossen ist. Der zusätzliche, spät gegebene Stickstoff wird dann in erster Linie für das generative Wachstum verwendet, somit zur Anreicherung von Eiweißstoffen im Korn. Wie die Versuche S e l k e s und ihre Nachprüfung ergeben haben, liegt je nach den Klimabedingungen und der Höhe der zusätzlichen Stickstoffgabe der Eiweißgehalt der Hauptgetreidearten um 2—5 % höher als bei der bisherigen Düngung. Vielfach wird aber durch die zusätzlichen späten Stickstoffgaben der Kornertrag noch um 1—2 dz/ha erhöht, mitunter mehr, besonders bei Wintergerste und Hafer. Mit dieser Methode kann der Eiweißertrag um 20—50 % je Flächeneinheit erhöht werden. Wichtig ist, daß beim Verfahren von S e l k e tatsächlich der Reinproteingehalt der Körner und nicht etwa bloß die stickstoffhaltigen Substanzen nichteiweißartiger Natur erhöht werden, daß somit der zusätzlich gegebene Stickstoff in Form echter Eiweißsubstanzen zur Einlagerung gelangt[1]. Der Strohertrag steigt zwar durch zusätzliche späte Stickstoffdüngung entweder überhaupt nicht oder nur in geringem Maße an; doch wird der Eiweißgehalt des Strohs vielfach noch erhöht, was für dessen Futterwert von Bedeutung ist. Die zusätzliche späte Stickstoffgabe wird am besten in Form von Nitraten verabreicht.

Die Zusammensetzung der Körner hängt natürlich von Bodenart, Sorte und Witterung ab. Wassermangel erzeugt eiweißreichere, kohlenhydratärmere Körner. Kleine Körner sind im allgemeinen reicher an Asche, Eiweiß und Rohfaser, aber ärmer an stickstofffreien Extraktstoffen.

Unreife Körner enthalten mehr Rohprotein und Mineralstoffe, aber weniger Kohlenhydrate als reife. Beim Reifen der Körner verschwinden die Mono- und Disaccharide wie Glukose, Fruktose und Rohrzucker; dafür reichert sich Stärke an. Die Dünnsaat weist meist eiweißreichere, kohlenhydrat- und fettärmere Samen auf als die Dicksaat.

Die meisten Körner werden für die Fütterung gequetscht, geschrotet und gemahlen, da die Tiere im allgemeinen die zerkleinerten Körner besser verdauen. Das Schwein erhält

---

1) K. Nehring und W. Schramm, Tierernährung (Leipzig) 12, 478 (1940).

die Körnerfrüchte geschrotet oder in Mehlform. Brühen, Kochen und Dämpfen wendet man nur an, wenn verschimmelte oder von Brandsporen befallene Substanzen verfüttert werden. Wichtig ist, daß die als Futter dienenden Körner keine giftigen Substanzen enthalten, wie Mutterkorn (Claviceps purpurea), Taumellolch (Lolium temulentum), Kornradesamen (Agrostemma githago). Beim Ankauf geschroteter Körner ist darauf zu achten, daß das Schrot sämtliche Teile des Kornes und nur diese enthalten darf, somit ein Entzug von Mehl oder Zusatz fremder Stoffe als Fälschung zu betrachten ist. Eine Untersuchung jeder Sendung an der zuständigen landwirtschaftlichen Versuchsstation ist am Platz, da das Schrot vielfach mit allerlei Abfällen gestreckt wird, wie mit gemahlenen Schalen, Hülsen und Spelzen, mit Erde, Sand, Ton, Marmorstaub, Steinnußmehl, Schlämmkreide u. dgl. Oft werden auch unter der Bezeichnung Schrot schalenreiche Abfälle verkauft, denen Mehl und Grieß mehr oder minder entnommen wurden.

a) Getreidekörner

Die Getreidearten oder Cerealien gehören fast alle zu den Gräsern. Ihr Futterwert wird durch ihren Stärkegehalt bedingt, da in den reifen Getreidekörnern kaum lösliche Kohlenhydrate mehr vorhanden sind. Je höher der Stärkegehalt, desto niedriger ist der Eiweißgehalt der Körner; der Fettgehalt ist meist gering. Der Gehalt der Cerealienkörner an Eiweiß, Stärke und Fett beträgt:

	Fett %		Protein %		Stärke %
Weizen . . .	1,70	Reis	6,90	Hirse	57,86
Roggen	1,77	Mais	9,57	Hafer	58,37
Gerste	1,98	Gerste . . .	9,71	Buchweizen .	61,51
Buchweizen . .	2,04	Buchweizen .	10,16	Gerste	65,75
Reis	2,12	Weizen . . .	10,17	Reis	66,50
Hirse	3,30	Hafer	10,66	Weizen . . .	68,01
Mais	4,78	Roggen . . .	10,81	Mais	68,63
Hafer	4,99	Hirse	12,70	Roggen . . .	70,21

Der Gehalt an Mineralstoffen beträgt:

	K_2O %	CaO %	P_2O_5 %
Buchweizen	0,27	0,05	0,57
Gerste	0,65—0,70	0,10	0,66—0,80
Hafer	0,50	0,16	0,70
Kolbenhirse	0,33	0,02	0,65
Mohrenhirse, Dura	0,38	0,02	0,94
Mais	0,37	0,03	0,75
Reis	0,15	0,01	0,30
Roggen	0,60	0,05	0,92
Weizen	0,50	0,07	0,80

Der Gehalt an Mineralsubstanzen ist meist in den bespelzten und mit Schalen versehenen Körnern etwa 4 %, in den nicht bespelzten Körnern kleiner als 2 %. Die Hauptbestandteile der Asche sind K, Mg, P; dagegen sind Ca und S, meist auch Si (mit Ausnahme der bespelzten Früchte) nur wenig vorhanden.

Hafer (Avena sativa). Da der Hafer, der die Hauptsommerfrucht nördlicher Breiten darstellt, nur in beschränktem Ausmaße für die menschliche Ernährung verwendet wird, kommt er hauptsächlich als Futtermittel in Betracht. Die Zusammensetzung der verschiedenen Hafersorten schwankt innerhalb folgender Grenzen:

	H_2O %	Roh-protein %	N-freie Extrakt-stoffe %	Rohfett %	Rohfaser %	Asche %
Minimum .	7,13	8,31	49,73	3,19	7,85	2,50
Maximum .	14,85	15,75	62,17	9,84	17,01	4,11
Im Mittel .	12,00	11,37	56,47	5,97	10,96	3,23

Im Mittel werden die N-freien Extraktstoffe des Hafers von allen landwirtschaftlichen Nutztieren, mit Ausnahme des Geflügels, gleich gut verdaut, nämlich vom Haferschrot in Prozenten der einzelnen Bestandteile:

	Rohprotein %	N-freie Extraktstoffe %	Rohfett %	Rohfaser %
Gelbhafer	84,4	79,6	93,3	37,3
Weißhafer	84,4	79,0	91,7	31,7
Im Mittel	84,4	79,3	92,5	34,5

Hafer ist besonders zur Fütterung von Zuchttieren geeignet. Die Milchsekretion wird durch ihn günstig beeinflußt, wobei die Fettmenge gleichbleibt. Zu große Gaben von Hafer erzeugen jedoch ein Milchfett, das eine weiche Butter ergibt. Ähnliche Erscheinungen sind bei der Mast zu beobachten, das Fett wird zu weich. Auch für Hühner ist Hafer ein gutes Futter. Meist wird der Hafer unzerkleinert verfüttert, obwohl geschroteter und zerquetschter Hafer meist besser verdaut wird. Junge Tiere, insbesondere Ferkel, erhalten ihn unzerkleinert, Mastschweine jedoch geschrotet. Frischer Hafer erzeugt leicht Durchfall und Kolik. Wichtig ist, daß der Hafer nicht verschimmelt ist und auch keine Brandpilze enthält. Man muß den Hafer vor der Verfütterung zwei bis drei Monate liegen lassen. Hafer darf kein Unkraut enthalten. Verschimmelter Hafer muß mit heißem Wasser abgebrüht oder gedämpft werden. Hinsichtlich Bekömmlichkeit und Schmackhaftigkeit steht guter Hafer an der Spitze aller Körnerarten. Da die Spelzen des Hafers nur den Nährwert des Strohs besitzen, ist der prozentige Gehalt an Spelzen, der zwischen 20 und 35 % schwankt und durchschnittlich 26 % des gesamten Kornes beträgt, ein wesentliches Kennzeichen für seine Beurteilung. Der Fettgehalt des Hafers ist höher als der von Roggen, Weizen und Gerste und beträgt im Mittel etwa 4,8 %. Infolge seines hohen Phytingehalts wirkt Hafer rachitogen, weshalb eine Beifütterung von Vitamin D und Mineralsalzen (Ca, P) angezeigt erscheint. Das Phytin verhindert nämlich infolge der Bildung des schwerlöslichen Calcium-Phytinats die Aufnahme des Calcium durch den tierischen Organismus.

Gerste. Man unterscheidet die Arten zweizeilige Gerste (Hordeum distichum) und vier- bis sechszeilige Gerste (Hordeum polystichum). Unter den als Futtermittel verwendeten Getreidearten hat die Gerste die gleichmäßigste Zusammensetzung, weshalb nach dem Vorschlage von Nils Hansson[1] mittelgute Gerste als Grundlage für die Futtereinheitsberechnung und damit für den Wert der einzelnen Futtermittel benutzt wird. Ihre mittlere Zusammensetzung ist:

Wasser	14,0 %	Rohfett	1,9 %
Rohprotein	9,7 %	Rohfaser	5,0 %
N-freie Extraktstoffe	67,0 %	Asche	2,4 %

Der größte Teil des Rohproteins ist als Eiweiß vorhanden, 95 % der N-freien Extraktstoffe als Stärkemehl, der Rest in Form von Glukose, Fruktose, Maltose, Saccharose. Die Verdauungskoeffizienten der einzelnen Nährstoffgruppen betragen:

	Rohprotein %	N-freie Extraktstoffe %	Rohfett %	Rohfaser %
bei Pferden	80,3	87,3	42,4	—
bei Schafen	83,1	93,2	79,1	29,5
bei Schweinen	73,8	88,0	18,0	6,3
bei Hühnern	75,1	82,1	48,0	2,5

Gerste ist ein ausgezeichnetes Mastfutter für Schweine, da sie die Qualität von Fleisch und Speck sehr günstig beeinflußt. Vor dem ersten Weltkrieg wurde die Mast der deutschen Schweine meist mit russischer Gerste durchgeführt. Dagegen ist sie für die Mast der Wiederkäuer wenig erwünscht, da sie einen harten Talg erzeugt. Gerste ist ein sehr geschätztes Futtermittel für die Geflügelmast. Im Orient ist sie das wichtigste Körnerfutter für die Pferde, während bei uns höchstens die Hälfte der Körnerration durch Gerste ersetzt wird. Sie ist sehr hart, weshalb sie am

1) Nils Hansson, Fütterung der Haustiere. Dresden 1926, (Th. Steinkopff).

vorteilhaftesten gequetscht oder geschrotet wird; an Schweine wird sie, in Mehlform und mit Wasser, als dicker Brei angerührt, verabreicht. Auch bei den verschiedenen Gerstensorten wird der Futterwert durch den Gehalt an Spelzen bedingt, der im Durchschnitt 12 % beträgt und zwischen 7 und 17 % schwankt. Es muß darauf geachtet werden, daß die zur Verfütterung bestimmte Gerste nicht mit schädlichen Unkrautsamen oder Pilzen verunreinigt ist. Ackersenf, Wiesenknöterich und Kornrade (Agrostemma githago) kommen als Unkrautsamen vor, von Pilzen die Sporen des Flugbrandes (Ustilago hordei und Ustilago medians) ferner Cladosporium herbarum, Fusarium heterosporum und manchmal auch Mutterkorn (Claviceps purpurea).

Mais (Zea Mays) wird hauptsächlich in den tropischen und subtropischen Ländern angebaut, in wärmeren Lagen auch bei uns. Mais liefert hohe Erträge und enthält in erster Linie Kohlenhydrate und auch mehr Fett als die meisten anderen Getreidekörner. Das Eiweiß besteht der Hauptsache nach aus Zein, das biologisch unterwertig ist. Die chemische Zusammensetzung des Maises ist etwa:

	Rohprotein %	N-freie Extraktstoffe %	Rohfett %	Rohfaser %	Rohasche %
Amerik. Mais .	10,04	68,76	4,12	2,92	1,48
Afrik. Mais . .	9,68	70,94	3,48	2,09	1,13
Gelber Mais . .	9,56	70,69	4,30	1,42	1,35
Weißer Mais . .	8,92	72,08	3,82	1,47	1,02

Nach Verdauungsversuchen an Hammeln werden an Prozenten der einzelnen Nährstoffgruppen verdaut:

	Amerik. Mais	Afrik. Mais	Gelber Mais	Weißer Mais
Rohprotein	54,1	54,5	56,4	39,0
N-freie Extraktstoffe .	85,2	86,2	88,8	87,5
Rohfett	78,4	69,7	77,2	63,0
Rohfaser	23,0	—	100,0	85,0

Da das Maisfett ein dünnflüssiges Öl ist, wirkt eine stärkere Maisfütterung ungünstig auf die Qualität der Schlacht- und Molkereiprodukte. Durch Verfütterung von Maisschrot an Milchkühe wird die Milchmenge gesteigert, dagegen der prozentige Fettgehalt herabgesetzt, wobei allerdings die Gesamtfettmenge etwa die gleiche bleibt; dagegen zeigt die Butter eine weiche Beschaffenheit. Bei Arbeitspferden kann die Hälfte der Körnerration durch Mais ersetzt werden. In der ersten Hälfte der Mastzeit kann bei Mastschweinen die Hälfte der Ration aus Mais bestehen; größere Mengen bewirken weichen Speck und öliges Fleisch. Gegen Ende der Mast verabreicht man am besten keinen Mais. Bei der Mast von Rindern und Schafen ist die Maisfütterung insofern von Vorteil, als man hier einen weichen Talg bevorzugt. Auch für Geflügelmast sind Maiskörner geeignet, weniger bei Legehühnern. Bei der Maisfütterung ist darauf zu achten, daß nur solche Maiskörner herangezogen werden, die genügend getrocknet sind, wie man sagt, genügend ausgeschwitzt haben. Auch schimmeliger oder von Brandsporen befallener Mais ist gesundheitsschädlich. Er wird leicht schimmelig, wenn er in zu großen Haufen lagert, ohne entsprechend durchgeschaufelt zu werden. Meist wird der Mais geschrotet oder eingequellt verfüttert. Auch Mais zeigt wie Hafer einen hohen Phytingehalt und wirkt daher leicht rachitogen.

Roggen (Secale cereale), meist als Winterroggen, weniger als Sommerroggen angebaut, ist als Brotfrucht so wichtig, daß er wenig verfüttert wird, und dann nur Abfallroggen bzw. ein solcher, der für die menschliche Ernährung nicht in Frage kommt. Seine Zusammensetzung ist:

6,9—19,4 %,	im Mittel	13,5 %	Wasser
7,2—19,7 %	„ „	11,5 %	Rohprotein
60,7—73,7 %	„ „	69,5 %	N-freie Extraktstoffe
0,2— 3,0 %	„ „	1,7 %	Rohfett
1,0— 6,7 %	„ „	2,0 %	Rohfaser
		1,8 %	Asche

Roggen ist in frischem Zustande unter allen Körnerarten am gefährlichsten und erzeugt leicht Verdauungsstörungen. Pferde erhalten ihn bis zur Hälfte der Körnerration, Zugochsen 2—3 kg je Tier und Tag, Schafe bis ¼ kg, Mastschweine geschrotet, doch höchstens bis zur Hälfte der Futterration, Milchkühe etwa 2 kg; er übt zwar eine günstige Wirkung auf die Milchsekretion aus, größere Mengen erzeugen aber ein hartes Butterfett. Roggen mit Pilzbefall muß gekocht oder gedämpft verfüttert werden. Vom Mutterkorn befallener Roggen erzeugt Darmentzündungen.

Weizen (Triticum vulgare) wird als Winter- und Sommerweizen angebaut; da er in erster Linie Brotgetreide ist, wird nur der für die menschliche Ernährung unbrauchbare Weizen oder das sogenannte Hinterkorn verfüttert. Seine Zusammensetzung ist:

	Weizen %	Hinterweizen %
N-freie Extraktstoffe	12,0	18,3
Rohprotein	78,4	72,8
Rohfett	2,3	2,3
Rohfaser	4,3	4,2
Rohasche	2,4	2,5

Die Eiweißstoffe des Weizens bestehen aus Pflanzenalbumin, Glutenkasein und Kleberproteinstoffen (Gliadin, Glutenfibrin, Mucedin). Weizen eignet sich ausgezeichnet zur Mast der Rinder und Schweine, aber auch für andere landwirtschaftliche Nutztiere. Übermäßige Fütterung mit Weizen führt zu einer Erschlaffung der Verdauungsorgane. Besonders frischer Weizen erzeugt leicht Verdauungsstörungen, ebenso mit Brand- und Pilzsporen behaftete Weizenkörner. Weizen wird geschrotet und gequetscht verabreicht.

Reis (Oryza sativa), der im südlichen Klima gedeiht, kommt ebenfalls hauptsächlich für die menschliche Ernährung in Betracht, weshalb nur der beim Polieren des Reises anfallende Bruchreis verfüttert wird. Die chemische Zusammensetzung geht aus nachstehender Tabelle hervor, wobei der ungeschälte Reis ein solcher ist, der im Durchschnitt aus 20 Teilen Spelzen und 80 Teilen Samenkorn besteht:

	Ungeschälter Reis %	Geschälter Reis %	Bruchreis %
Wasser	8,6	13,7	12,9
Rohprotein	5,0	8,0	8,1
N-freie Extraktstoffe	81,4	76,0	75,9
Rohfett	0,2	0,5	1,2
Rohfaser	4,4	1,1	0,5
Asche	0,4	0,7	1,4

Der geschälte Reis ist hochverdaulich. Reis eignet sich für die Aufzucht von Küken, aber auch bei der Mast von Hühnern. Bruchreis wird in der Schweinemast verfüttert oder bei der Kälberaufzucht verwendet, am besten mit Magermilch zu einem Reisbrei verkocht.

Hirse wird als Rispenhirse (Panicum miliaceum) oder Kolbenhirse (Setaria italica) angebaut. Sie liefert hohe Erträge und hat im Samen einen hohen Trockensubstanzgehalt. Der Gehalt ihrer Körner an Vitamin B_1 ist beachtlich. Da die Schalen und Spelzen der Hirse nur einen geringen Nährwert aufweisen, ist es wesentlich, ob für Fütterungszwecke geschälte oder ungeschälte Hirse verwendet wird. Für Fütterungszwecke werden neben der Rispen- und Kolbenhirse auch Dari (Sorghum tataricum), die gemeine Mohrenhirse (Sorghum vulgaris) und die Zuckermohrenhirse (Sorghum saccharatum) gebraucht. Ihre chemische Zusammensetzung ist:

	Dari %	Gemeine Mohrenhirse %	Kolbenhirse %	Rispenhirse %	Zuckermohrenhirse %
Wasser	11,0	11,5	12,0	11,8	15,2
Rohprotein	9,1	9,0	11,2	10,5	9,3
N-freie Extraktstoffe	72,0	69,4	63,0	68,2	68,0
Rohfett	4,1	3,5	3,4	4,3	3,4
Rohfaser	1,6	3,6	7,6	2,5	2,5
Asche	2,2	3,0	2,9	2,8	1,7

Ihre Verdaulichkeit beträgt:

	Roh-protein %	N-freie Extrakt-stoffe %	Roh-fett %	Roh-faser %
Bei Darikörnern in Versuchen m. Schafen	65,0	90,8	70,0	—
Bei der Besenhirse in Versuchen				
mit Wiederkäuern .	52,6	82,2	80,5	42,7
mit Pferden	41,5	74,1	60,6	8,7
mit Schweinen . . .	60,3	83,3	71,6	19,8
Bei der Rispenhirse in Versuchen				
mit Hühnern	65,4	98,3	88,3	3,9

Hirse muß wegen der Kleinheit der Körner geschrotet verfüttert werden. Sie kommt im Nährwert etwa dem Hafer gleich. In erster Linie kommt sie für die Schweinemast in Betracht, auch in der Geflügelaufzucht, weniger für Milchtiere.

Milocorn (Andropogon sorghum) ist eine der vielen Abarten der Mohrenhirse. Ursprünglich wurde diese Pflanze in Afrika und China für die menschliche Ernährung verwendet, später in USA zur Gewinnung der Körner, aber auch als Grünfutter, zur Heuwerbung und als Gärfutter benützt. Der Name Milocorn stammt aus den Vereinigten Staaten, da seine Zusammensetzung eine gewisse Ähnlichkeit mit dem Mais (corn) hat. Der Gehalt an Rohprotein liegt ungefähr bei 11,3 %, der Rohfasergehalt ist gering, derjenige an stickstoffreien Extraktstoffen hoch. Das Milocorn eignet sich deshalb besonders für die Schweinemast, aber auch für die Geflügelfütterung. Allerdings muß es wegen der Härte der Schalen geschrotet verabreicht werden. Ein Nachteil ist der hohe Phytingehalt, weshalb es rachitogen wirkt, ein Umstand, der durch gleichzeitige Verfütterung von Mineralstoffen (Ca, P) und Vitamin D ausgeglichen werden muß.

Nicht zu den Getreidearten gehört der *Buchweizen*, der zu den Knöterichgewächsen zählt und auf Moor-, Sand- und Heideböden angebaut wird. Die Buchweizensamen (Fagopyrum esculentum und Fagopyrum tataricum) enthalten relativ viel Rohfaser, ihr schwer verdaulicher Schalenanteil beträgt etwa 25 %. Die Samen haben folgende Zusammensetzung:

	Feuchtigkeit %	Rohprotein %	N-freie Extraktstoffe %	Rohfett %	Rohfaser %	Asche %
Im Minimum .	13,00	9,44	58,90	1,98	8,60	1,50
Im Maximum .	15,20	11,48	63,35	2,82	10,56	2,46
Im Mittel . . .	14,10	10,16	61,51	2,04	10,19	2,00

Da die Buchweizenschalen schwer verdaulich sind, ist ein wesentlicher Unterschied in der Verdaulichkeit der Nährstoffe von geschälten und ungeschälten Samen festzustellen. Für die Mast von Rind und Schwein ist Buchweizenschrot geeignet, auch zur Geflügelmast. Bis zu einem Drittel der Körnerration kommt es auch für Arbeitspferde in Betracht. Da Fütterung mit Buchweizenschrot bei Milchtieren ein Milchfett erzeugt, das eine harte Butter gibt, kommt es für Milchkühe weniger in Frage. So wie die ganze übrige Pflanze enthalten auch die Buchweizensamen einen photodynamischen Stoff, das schon erwähnte Fagopyrin, das bei weißen und weißgescheckten Tieren im Licht Jucken, Hautausschlag, Schwellungen der Gliedmaßen, die Erscheinungen des Fagopyrismus, hervorruft. Bei ausschließlicher Stallhaltung treten diese Symptome nicht auf. Für Jungvieh ist Buchweizenschrot nicht brauchbar. Wegen seiner Härte muß der Buchweizensamen geschrotet oder gekocht werden.

b) Leguminosenkörner

Die Samen der Hülsenfrüchte, die zu den Papilionaceen oder Schmetterlingsblütlern gehören, sind nicht nur für die menschliche, sondern auch für die tierische Ernährung außerordentlich wichtig, und zwar vor allem wegen ihrer beachtlichen Eiweißgehalte. Manche von ihnen, wie Sojabohnen und Lupinen, enthalten auch wesentliche Mengen von Fett, bei den übrigen überwiegen die Kohlenhydrate. Ihr Gehalt an Rohprotein, Rohfett und Extraktstoffen beträgt:

Rohprotein	%	Rohfett	%	N-freie Extraktstoffe	%
Erbse	23,15	Wicke	1,65	Gelbe Lupine	25,46
Pferdebohne	25,31	Pferdebohne	1,68	Blaue Lupine	36,37
Wicke	25,95	Erbse	1,89	Pferdebohne	48,33
Blaue Lupine	29,52	Gelbe Lupine	4,38	Wicke	50,90
Gelbe Lupine	38,25	Blaue Lupine	6,16	Erbse	52,68

Der Gehalt an Mineralstoffen ist höher als bei den Getreidearten:

	K_2O %	CaO %	P_2O_5 %
Erbse	1,25	0,09	1,00
Linse	0,71	0,13	0,74
Blaue Lupine	0,93	0,29	1,13
Gelbe Lupine	1,12	0,31	1,68
Weiße Lupine	1,01	0,23	0,77
Pferdebohne	1,29	0,15	1,21
Sojabohne	1,26	0,17	1,04
Wicke	0,80	0,22	0,99

Hauptsächlich enthalten sie somit Kalium und Phosphorsäure; der Calciumgehalt ist gering, so daß auch bei den Leguminosenkörnern das Verhältnis Ca/P ungünstig ist. Einige Leguminosenkörner sind giftig, z. B. der Samen des Stechginsters, der Waldplatterbse und der indischen Mondbohne, bei denen aus einem Glykosid durch Hydrolyse Blausäure entsteht, die auch in vielen Wicken, selbst der gewöhnlichen Futterwicke, vorkommt. Solche Samen müssen 24 Stunden in kaltem Wasser eingeweicht und nach dem Abgießen des Wassers gedämpft werden, bevor man sie verfüttert. Andere Leguminosen wirken blähend bzw. wegen ihres hohen Gehaltes an bitteren Extraktstoffen stopfend, am häufigsten die Wicken, weniger die Erbsen, kaum die Ackerbohnen; diese nur wenn sie ungenügend zerkleinert und mangelhaft zubereitet werden. Man muß die Leguminosenkörner geschrotet oder eingequellt und gequetscht verfüttern. Dämpfen oder Aufbrühen kommt nur dort in Betracht, wo es sich um mit Pilzen befallene Samen handelt. Die Leguminosenkörner sind im allgemeinen besser verdaulich als die Getreidekörner, hauptsächlich deshalb, weil die Leguminosenschalen hochverdaulich sind, wie folgende Zusammenstellung zeigt, welche die Verdauungskoeffizienten der einzelnen Stoffgruppen wiedergibt:

	Organische Substanz %	Rohprotein %	N-freie Extraktstoffe %	Rohfett %	Rohfaser %
Ackerbohnenschalen .	70	54	76	96	68
Erbsenschalen	89	71	90	73	95
Gelbkleehülsen . . .	54	50	47	51	69
Lupinenschalen . . .	81	57	71	30	95
Sojabohnenschalen .	62	44	73	57	51

Erbsen. Für Fütterungszwecke kommen der Feld- oder Weißen Erbse (Pisum sativum) und der Sanderbse oder Peluschke (Pisum arvense) Bedeutung zu. Ihre Zusammensetzung beträgt etwa:

8,9—22,1 %,	im Mittel	13,2 %	Wasser
18,2—29,9 %	„ „	22,7 %	Rohprotein
0,6— 5,5 %	„ „	1,9 %	Rohfett
41,9—61,6 %	„ „	53,2 %	N-freie Extraktstoffe
1,9—10,0 %	„ „	6,0 %	Rohfaser
		3,0 %	Asche

Erbsenkörner sind ein gutes Futtermittel für Arbeitsochsen und bei der Mast aller Tierarten, besonders der Schweine, die bei dieser Ernährung ausgezeichnete Schlachtprodukte liefern. Wesentlich ist, daß die zur Verfütterung gelangenden Erbsen gesund sind. Verschimmelte oder stark mit Erbsenkäfer befallene Körner sind vor der Verfütterung zu kochen oder zu dämpfen. Wegen ihres hohen Eiweißgehaltes sind sie ein gutes Beifutter zu eiweißarmen Rationen. Auch die *Samen* der *Gram-* oder *Kichererbse* (Cicer arietinum) und der *Motherpeas,* auch Mutter- oder

Platterbse (Lathyrus sativus), werden als Futtermittel verwendet. Sie haben nachstehende Zusammensetzung:

	Roh-protein	Eiweiß (Rein-protein)	N-freie Extrakt-stoffe	Rohfett	Rohfaser
	%	%	%	%	%
Grams:					
Rohnährstoffe	22,60	20,26	59,97	4,79	9,39
Verdauliche Nährstoffe .	17,58	15,24	52,65	4,22	5,57
Motherpeas:					
Rohnährstoffe	27,86	24,69	51,90	0,84	7,48
Verdauliche Nährstoffe .	23,12	19,95	45,37	0,59	3,92

Vielfach wurden nach Verfütterung von Platterbsen Lähmungen, beschleunigte Herztätigkeit und schwere Atemnot beobachtet, Erscheinungen, die man als Lathyrismus bezeichnet. Von der Krankheit werden besonders Pferde befallen, weniger Schweine. Doch gibt es Neuzüchtungen von Lathyrus, die diese Schädigungen anscheinend nicht hervorrufen, z. B. die vom Institut für Pflanzenbau- und Pflanzenzüchtung der Universität Gießen (Direktor Prof. Dr. E. v. Boguslawski) herausgebrachte „Gießener bunte Platterbse“[1].

In erster Linie wird *Ackerbohnenschrot* bei der Mast an Rinder und Schweine sowie an Arbeitstiere verfüttert, da die Schlachtprodukte günstig beeinflußt werden. Im übrigen dient es als eiweißreiches Beifutter, um Futterrationen an Eiweiß anzureichern. Kleine Mengen (1—1,5 kg je Tier und Tag) werden säugenden Mutterstuten sowie Hengsten während der Deckzeit gegeben. Ackerbohnenschrot erzeugt infolge des Gehaltes an Gerbsäure leicht Obstipation, weshalb leicht abführende Stoffe beizufüttern sind, wie Möhren, Melasse, Wurzelfrüchte. Die Mondbohne, Lima- oder Rangoon-Bohne (Phaseolus lunatus) enthält das Glykosid Phaseolunatin, das infolge Hydrolyse Blausäure abspaltet.

1) Vergl. K. Scharrer, R. Schreiber u. H. Kühn, Z. Tierernährung und Futtermittelkunde 10, 129 (1955).

Am besten werden daher die Mondbohnen nicht verfüttert; gegebenenfalls muß man sie vorher einquellen und dämpfen.

Lupinen. Für Fütterungszwecke werden entweder die Gelbe Lupine (Lupinus luteus) oder die Schmalblättrige bzw. Blaue Lupine (Lupinus angustifolius) angebaut. Ihr Nährstoffgehalt beträgt:

	Gelbe Lupine	Blaue Lupine
	%	%
Wasser	13,98	13,81
Rohprotein	38,25	29,52
N-freie Extraktstoffe	25,46	36,37
Rohfett	4,38	6,16
Rohfaser	14,12	11,24
Asche	3,81	2,90

Die Extraktstoffe setzen sich hauptsächlich aus Pentosanen und etwas Stärke zusammen.

Die in den Körnern enthaltenen Bitterstoffe (2,3—2,6 %), die sich im wesentlichen aus Spartein, Lupanin und Lupinin zusammensetzen, bewirken, daß mit Ausnahme der Schafe die Lupinenkörner von den landwirtschaftlichen Nutztieren wegen des bitteren Geschmackes nicht gefressen werden. Da die Schafe bei ihrer Aufnahme an Lupinose erkranken, müssen die Lupinenkörner entbittert werden, wozu die verschiedensten Verfahren ausgearbeitet wurden, die im wesentlichen darauf beruhen, daß die Bitterstoffe extrahiert werden. Nach Kellner[1] werden die 24—36 Stunden in kaltem Wasser aufgequellten Lupinen 1—2 Stunden gekocht oder gedämpft und dann in fließendem Wasser ausgelaugt. Das Dämpfen bezweckt das Abtöten der Körner, wodurch die Extraktion der giftigen Alkaloide erleichtert wird. Die Entbitterung der Lupinenkörner bewirkt zwar Verluste an Nährstoffen, nicht aber wird dadurch die Verdaulichkeit der bleibenden Nährstoffe vermindert. Die entbitterten Lupinenkörner sind für alle Tiergattungen verwendbar. Pferde erhalten bis zu 5 kg, Mastrinder bis zu

1) O. Kellner, Landw. Jahrbücher 9, 977 (1880); 10, 849 (1881).

8,5 kg, Kühe bis zu 3,5 kg Lupinenkörner in gequetschtem Zustand mit Häcksel vermischt. Die feuchten, entbitterten Lupinen müssen bald verfüttert werden, im Sommer innerhalb 24 Stunden. Durch längeres Lagern der feuchten Lupinen bilden sich aus den Eiweißstoffen giftige Zersetzungsprodukte, die schwere Erkrankungen hervorrufen können. Die Lupinose, die nach Verfütterung unentbitterter Lupinen auftretende Krankheit, ist eine Gelbsucht der Haut und der sichtbaren Schleimhäute, die meist sehr ungünstig verläuft.

Die von E. Baur und R. v. Sengbusch gezüchtete Süßlupine ist bitterstofffrei, und sie enthält 39 % Rohprotein. Diese Süßlupine vermag im Verein mit Fischmehl den Eiweißbedarf von Mastschweinen zu decken und ist ein eiweißreiches Kraftfutter für leistungsfähige Milchkühe. Die biologische Wertigkeit des Eiweißes der Süßlupine ist viel höher als jene der bitteren Lupine. Die Züchtung der Süßlupine ist daher für die Tierernährung von größter Bedeutung.

Wicken. Man unterscheidet die Futterwicke (Vicia sativa), die Narbonner Wicke (Vicia narbonnensis) und die Sand- bzw. Zottelwicke (Vicia villosa). Die chemische Zusammensetzung der Samen dieser Wickenarten ist folgende:

	Futterwicke %	Narbonner Wicke %	Sandwicke %
Wasser	13,28	12,77	16,12
Rohprotein	25,90	22,81	23,71
N-freie Extraktstoffe	49,80	51,52	48,08
Rohfett	1,77	0,86	1,48
Rohfaser	6,02	9,42	7,58
Asche	3,23	2,62	3,03

Die stickstofffreien Extraktstoffe bestehen zum größten Teil aus Stärke.

Das Wickenschrot schmeckt bitter und besteht aus den schwarzen Schalenstücken und den gelben bis rötlich-weißen Mehlkörperteilen. Wegen der obstipierenden Wirkung darf man nicht zu große Mengen verfüttern. Es schimmelt leicht und muß dann vor der Verfütterung gedämpft oder aufgebrüht werden. Schweine nehmen Wicken wegen des bitteren Geschmackes nicht gern. Man gibt an Mast- und Zugtiere bis zur Höchstgabe von 2 kg je Tier und Tag, gleiche Mengen an Milchkühe. Für Hühner und ganz besonders für Tauben sind Wicken ein gutes Futter.

Die Sojabohnenkörner kommen als Futtermittel in unverarbeitetem Zustand nicht in Frage, sie dienen entweder im ganzen für die menschliche Ernährung oder zur Fettgewinnung.

Nach E. Mangold und A. Columbus[1] beträgt die biologische Wertigkeit einiger Leguminosenkörner, bezogen auf diejenige von Milch- und Ei-Albumin gleich 100:

Körnerart:	
Extrah. Sojabohnenschrot	73,3 %
Sojabohne	66,5 %
Gelbe Süßlupine (Weiko)	71,87 %
Lupinus albus	67,3 %
Gelbe Süßlupine, Stamm 8	60,0 %
Leinsamen	61,0 %
Hohenheimer Futtererbsen	68,1 %
Mahndorfer Viktoriaerbsen	59,1 %
Erfurter Puffbohnen	54,9 %
Lohmanns Weender Ackerbohnen	47,1 %
Bohnen	34,4 %
Mais	54,0 %
Roggen	44,0 %

6. Ölfrüchte

Im allgemeinen werden die Ölfrüchte nicht unmittelbar verfüttert, sondern es wird zunächst aus ihnen das Fett oder Öl gewonnen, und erst die Fabrikationsrückstände werden als Ölkuchen in der Tierernährung verwendet. Hanf, Raps, Rübsen, Sonnenblumen werden höchstens als Vogelfutter für Singvögel benutzt, Hanfsamen gelegentlich für Geflügel. Lediglich die Samen des Leins oder Flachses (Linum usitatissimum) werden als Futtermittel verwendet. Leinsamen

1) E. Mangold und A. Columbus, Landw. Versuchsstat. **129**, 110 (1938) A. Columbus, Arch. Tierernähr. **1**, 36, 84 (1951).

werden hauptsächlich bei der Kälberaufzucht benutzt, ferner bei der Ernährung schwächlicher Tiere oder bei entzündlichen Zuständen der Verdauungswege. Sie werden gequetscht und mit warmem Wasser angerührt, wobei sie eine schleimige Masse von milder Wirkung bilden. Meist werden sie durch die billigeren Leinkuchen ersetzt. Die Zusammensetzung der Leinsamen geht aus nachstehender Tabelle hervor:

Organische Bestandteile	%	Anorganische Bestandteile	%
Rohprotein	22,5	Wasser	10,00
N-freie Extraktstoffe	26,6	Asche	3,90
Rohfett	34,0	K_2O	1,00
Rohfaser	7,0	CaO	0,26
		P_2O_5	1,35

Ihre Verdaulichkeit ist hoch. An Großvieh wird nicht mehr als 1 kg je Kopf und Tag verabreicht, größere Mengen wirken ungünstig auf die Qualität der Milch- und Schlachtprodukte. Schweine bekommen täglich nicht über 0,2 kg. Bei der Entwöhnung der Kälber von der Vollmilch wird der Magermilch eine Leinsamenabkochung zugesetzt. Der Schleim besteht aus Stärke und anderen aufquellbaren Kohlenhydraten. Auf Reinheit der verfütterten Samen ist besondere Aufmerksamkeit zu legen, da die Leinsamen oft viel Unkraut und fremde Beimengungen enthalten.

7. Eicheln, Kastanien, Bucheckern

Eicheln, Kastanien und Bucheckern werden gelegentlich als Futtermittel verwendet. Die Eicheln sind die nußartigen Früchte der Sommereiche (Quercus pedunculata) und der Wintereiche (Quercus sessiliflora).

Die *Eicheln* werden wegen ihres bitteren Geschmackes am vorteilhaftesten entbittert, am einfachsten durch Einweichen während mehrerer Tage in kaltem Wasser. Nicht entbitterte Eicheln erzeugen wegen ihres hohen Tanningehaltes bei Pferden und Wiederkäuern leicht Obstipation und Magen-Darm-Entzündungen. Am besten verwendet man sie für die Geflügel- und Schweinemast. Als Winterfutter werden sie vorteilhafterweise an der Luft getrocknet oder auf Darren geröstet. In frischem Zustand werden sie gequetscht, sonst geschrotet verfüttert.

Auch die Samen der *Roßkastanien* (Aesculus hippocastanum) werden als Viehfutter verwendet. Die Extraktstoffe bestehen hauptsächlich aus Stärkemehl und Saccharose. Die Verdaulichkeit der geschälten Roßkastanien ist hoch. Auch sie werden am besten entbittert und gequetscht verfüttert. Sie werden als Mastfutter verwendet. Schimmelige Kastanien müssen vor der Verfütterung abgekocht werden.

Die Bucheckern oder Bucheln sind die Früchte der Rotbuche (Fagus silvatica). Die Schalen machen etwa ein Drittel der ganzen Frucht aus und sind schwer verdaulich, weshalb nur die Kerne für die Fütterung von Bedeutung sind. Sie werden in der Schweinemast verwendet. Die Einhufer (Pferd, Esel, Maultier) sind gegenüber einem Stoff der Bucheckern, dem sogenannten Fagin, sehr empfindlich, weshalb für sie die Bucheckern giftig sind. Wenige Stunden nach dem Fressen der Bucheckern treten bei diesen Tieren Krämpfe, Zittern, Taumeln und starke Lähmungen auf, die meist zum Tode des Tieres führen. Das Fagin ist sowohl im Kern als auch in der Samenschale enthalten und ist auf Grund neuerer Forschungen nicht, wie man früher glaubte, eine dem Cholin verwandte Base, sondern eine saponinähnliche Substanz. Die Wiederkäuer sind dagegen weniger, die Schweine überhaupt nicht empfindlich.

8. Die ernährungsphysiologische Beurteilung der Wirtschaftsfuttermittel

Was das Grünfutter anbelangt, so ist es für eine einwandfreie Ernährung und damit Gesunderhaltung der Pflanzenfresser unter unseren Haustieren von grundlegender Bedeutung, da es die wesentlichste Quelle für die sogenannten Schutzstoffe (Mineralstoffe, Vitamine, essentielle Aminosäuren und Fettsäuren) darstellt. Insbesondere ist sein Reichtum an Basen und Phosphorsäure für die tierische Ernährung wichtig; aber auch für die Omnivoren, also Schweine und Geflügel, ist es unentbehrlich. Insbesondere sind es aber von unseren Pflanzenfressern die Wiederkäuer und unter diesen wieder die Milchtiere, für die ein einwandfreies Grünfutter das Fundament der Ernährung ist. Vor allem ist es das Dauergrünland, das durch seinen mannigfachen Pflanzenbestand jede Einseitigkeit in der Fütterung und damit das Auftreten von Mangelerkrankungen, Aufzucht- und Fortpflanzungsstörungen weitgehend verhindert. Die richtige Konservierung des Grünfutters durch entsprechende Heuwerbung, künstliche Trocknung und Einsäuerung ist daher wegen der langen Dauer der Winterfütterung in unserem Klima eine der wichtigsten Maßnahmen einer auf der Grundlage der Erkenntnisse moderner Ernährungsphysiologie aufgebauten Fütterung. Richtige Düngungsmaßnahmen beim Dauergrünland, das leider in dieser Hinsicht noch vielfach völlig vernachlässigt wird, und zur rechten Zeit einsetzende Nutzung des Futters auf den Wiesen und Weiden, ferner moderne Weidenutzungsmethoden sind daher die Voraussetzungen für die Erzielung hochwertiger tierischer Produkte bei höchster Qualität und Menge und Erhaltung der Gesundheit der Tiere. Es sei nur an das Beispiel der nordischen Staaten einschließlich Finnlands erinnert, die ihre erstklassige Milchwirtschaft auf der Grundlage neuzeitlicher Fütterung und Futterkonservierung aufgebaut haben.

Mit dem eben Erörterten ist zugleich der Wert eines guten Heues beurteilt worden. Dagegen ist vom übrigen Rauhfutter (Stroh und Spreu) zu sagen, daß diese Futtermittel arm an Energieträgern sind und z. B. kaum Vitamine und nur in untergeordnetem Maße Mineralstoffe aufweisen. Sie haben daher hauptsächlich nur Wert als Ballastträger und Füllmaterial für den Verdauungstraktus, vor allem der Wiederkäuer.

Die Wurzel- und Knollenfrüchte sind in erster Linie Energieträger mit geringem Rohfasergehalt und guter Verdaulichkeit. An Schutzstoffen sind sie arm, besonders an essentiellen Aminosäuren und Vitaminen. Ihre negative Erdalkalität und das schlechte Verhältnis von K zu Na kennzeichnet sie als schlechte Mineralstoffversorger.

In den Getreidekörnern ist zwischen dem an essentiellen Aminosäuren und biologisch vollwertigem Eiweiß, essentiellen Fettsäuren, wertvollen Fetten und Mineralstoffen sowie an Vitaminen reichen Keimling und dem Mehlkörper zu unterscheiden, der Speicherorgan für Energieträger ist und bezüglich Vitaminen und Mineralien eine mehr einseitige Zusammensetzung hat. Das Samenkorn als Ganzes hat daher zwar günstige Eigenschaften, zeigt aber Mängel an essentiellen Aminosäuren, Vitaminen und Mineralstoffen.

Reicher an Eiweiß und Fett, aber ungünstiger noch als die Getreidekörner bezüglich essentieller Aminosäuren und Fettsäuren, Vitaminen und Mineralstoffen sind die Leguminosenkörner zusammengesetzt.

III. Die Handelsfuttermittel

1. Futtermittel der Müllerei

Bei der Gewinnung menschlicher Nahrungsmittel (Mehle, Grieß, Grütze, Graupen) aus den Getreide- und Leguminosenkörnern entstehen eine Reihe von Substanzen als Nebenprodukte, die als Futtermittel dienen. Solche Stoffe sind z. T. Abfallprodukte des Schäl- oder Mahlprozesses, während die Abfälle der Reinigung, wie zerbrochene und taube Körner, Sand, Steinchen, Erde, Brandsporen, Unkrautsamen Substanzen darstellen, die als Futtermittel unbrauchbar sind. Bei Verfütterung dieses sogenannten Ausputzes sind schwere Vergiftungen und selbst der Tod der Tiere beobachtet worden, vor allem, wenn im Ausputz giftige Stoffe, wie Mutterkorn, Taumellolch, Kornrade oder Brandsporen vorhanden sind. Als tatsächliche Futtermittel der Müllerei sind daher nicht diese Stoffe des Ausputzes, sondern jene Substanzen anzusehen, die beim Entspitzen, Schälen und Vermahlen des gereinigten Kornes anfallen und die als Kleie, Futtermehle und Nachmehle bezeichnet werden. Diese Stoffe werden aber vielfach mit dem Ausputz verfälscht oder mit anderen Substanzen, wie Sand, Ton, Kalkstaub, Gips, Schlämmkreide, Mühlenkehricht, Hirseschalen, Spelzen von Reis und Hafer, Steinnußmehl usw. vermischt. Es ist daher dringend notwendig, die Abfälle der Müllerei als „reine unverdorbene Kleien und Futtermehle“ zu verlangen und sie erst zu verfüttern, wenn eine Untersuchung in der zuständigen landwirtschaftlichen Versuchsstation ihre Reinheit und Unverdorbenheit erwiesen hat; denn keine Gruppe von Futtermitteln ist so der Verfälschung ausgesetzt wie die Abfälle der Müllerei.

Hauptaufgabe der Müllerei ist, die wertvollen Teile des Getreides von den minderwertigen zu trennen, somit den Mehlkern möglichst rein von der Schale abzusondern. Diese Trennung ist jedoch nicht vollkommen, was zur Folge hat, daß Stärketeilchen des Mehlkernes in der Kleie und Schalen- bzw. Kleienteile im Mehl anwesend sind.

Jedes in die Mühle gelieferte Getreide wird zunächst zur Befreiung von Fremdkörpern einem Reinigungsprozeß unterworfen. In einer Maschine, dem sogenannten Aspirateur, wird das einlaufende Getreide mit einem starken Luftstrom zusammengebracht, wodurch alle leichten Teile, vor allem Staub und Spreu, entfernt werden. Weiterhin werden die Getreidekörner über Rüttelsiebe von verschiedenen Lochweiten gebracht und dadurch eine Trennung von größeren und kleineren Verunreinigungen ermöglicht. Durch Magnete werden die im Getreide evtl. vorhandenen Metallteilchen entfernt. Als letzte Maschine der sogenannten Vorreinigung kommt das Mahlgut in die Trieure oder Gesämeausleser, horizontal sich drehende Zylinder, durch die jene Unkräuter, fremde Getreidesorten und Halbkörner aus dem Getreide entfernt werden, die in Form und Größe mit ihm Ähnlichkeit haben und daher durch die Rüttelsiebe des Aspirateurs nicht entfernt worden sind. Diese Vorreinigung ist im wesentlichen bei allen Getreidearten die gleiche, während der eigentliche Vermahlungsgang je nach Art des Getreides und des zu erzeugenden Produktes ein unterschiedlicher ist.

Manchmal wird Getreide, das für die menschliche Ernährung infolge irgendwelcher Gründe ungeeignet ist, an Tiere verfüttert. Es wird aber dann nicht unvermahlen verabreicht, sondern geschrotet. Wesentlich ist, daß das Schrot sämtliche Teile des ganzen Korns enthält und durch einfaches Zerkleinern des Getreides hergestellt wird.

An die Vorreinigung schließt sich die sogenannte Hauptreinigung an, die bezweckt, das Korn von noch anhaftendem Staub, aber auch von einem Teil der äußeren Schale, dem Bart und

Keimling, zu befreien. Dieser Prozeß spielt sich in den Spitz- und Schälmaschinen ab; sie bestehen im wesentlichen aus einem feststehenden, mit Schmirgel belegten Mantel; ein Schlägerwerk dreht sich in ihm mit 200 Umdrehungen in der Minute. Das Getreide wird dann meist noch durch Waschen von Staub, Schmutz und Bakterien befreit, worauf die Trockenreinigung erfolgt, bei der durch Bürstmaschinen die dem Korn noch anhaftenden gelockerten Schalenteile abgebürstet oder abgefegt werden. Die Abfälle, die bei der Hauptreinigung des Getreides anfallen, werden entweder der Kleie beigemischt oder sie kommen unter der Bezeichnung Spitzkleie oder Koppstaub bzw. Weizen- und Roggenhäutchen in den Handel. Der Futterwert hängt von ihrem Gehalt an Brandsporen, Sand und Ton ab.

Erst nach der Vor- und Hauptreinigung wird der eigentliche Mahlprozeß eingeleitet. Die Mahlprodukte werden in den Sichtmaschinen mittels feiner Beutelseidengaze verschieden großer Maschenweite in Schalen, Schrot, Grieß, Dunst und Mehl getrennt. Der Vorgang des Schrotens und die sich anschließenden Siebungen und Putzungen werden sechs- bis achtmal wiederholt, und zwar so lange, bis die Mehlteilchen restlos von der Schale abgekratzt sind.

Das Getreidekorn enthält durchschnittlich 80 % Mehlkernanteile und 20 % Anteile der den Kern umschließenden Schale; es gelingt aber nur, bis 68 % Roggenmehl bzw. 74 % Weizenmehl zu erhalten. Dies ist hauptsächlich darauf zurückzuführen, daß bei den letzten Schrotungen immer Gemische von Mehlkernteilchen und Schalenstücken anfallen, die weder durch Sieben noch durch Putzen zu trennen sind. Man nennt diese letzten Vermahlungsprodukte Nachmehle bzw. Futtermehle. Während bei der Kleie bereits mehr Schalen als Mehlanteile vorhanden sind und in den Futtermehlen die Mehlanteile gerade noch die Schalenanteile überwiegen, enthalten die Nachmehle hauptsächlich Mehlteile. Eine exakte Bewertung der Nachmehle, Futtermehle, Bollmehle (schlechte Futtermehle) und Kleien und ihre Abgrenzung voneinander ist bisher noch nicht erreicht worden. Meist bezeichnete man die Kleie als ein Müllereiabfallprodukt, das nach Abzug des Mehles einschließlich der Nachmehle und Futtermehle sämtliche verbleibenden Teile des Kornes aufweist; dazu kommen noch vielfach die Abfälle der Vor- und Hauptreinigung. Man ist zu der Auffassung gelangt, die Abfälle der Müllerei nach ihrem Aschengehalt einzuteilen, wobei man beim Roggen die Futtermehle als Produkte mit einem Aschengehalt von 1,55 bis

3,0 %, Bollmehle als Produkte mit einem Aschengehalt von 3,0—4,1 %, Kleien als Produkte über 4,1 % Aschengehalt bezeichnet. Beim Weizen liegen die Futtermehle zwischen 2,35 bis 4,1 %, die Bollmehle zwischen 4,1—5 % und die Kleien über 5 % Aschengehalt. Diese für die Kontrolle in den Mühlen brauchbare Abgrenzung sagt wenig über den Futterwert aus, bei dessen Beurteilung der Stärkegehalt wesentlich ist.

Die *Kleien* weisen meist nicht mehr als 22 % Stärke auf, die Bollmehle 22—35 %, die Nachmehle 40—45 % Stärke. Meist nimmt man als Mindestgehalt der Bollmehle 22 % Stärke an, der Futtermehle 32 %, der Nachmehle 42 %. Neben der chemischen Zusammensetzung ist bei der Bewertung der Müllereiabfälle der Gehalt an wertvermindernden Teilen wie Sand, Mutterkorn, Milben, Brandsporen usw. zu berücksichtigen.

Die Kleien des Weizens oder Roggens werden als Fein- oder Brotkleie, Spitzkleie, Schalenkleie, Grießkleie, somit je nach der Art ihrer Gewinnung gehandelt. Es wird durch diese Bezeichnungen mehr der Feinheitsgrad als die Güte der Kleien gekennzeichnet. Durchschnittlich fallen bei der Vermahlung des gereinigten Korns beim Roggen 20—25 % Kleie und 5—10 % Futtermehl, beim Weizen etwa 10 % Schalenkleie, 10 % Grießkleie und etwa 5 % Futtermehl an.

Beim Hafer werden die Produkte, die sämtliche Abfallstoffe der Vermahlung umfassen, somit die Spelzen und die kleie- oder futtermehlartigen Teile, als Haferschälkleien bezeichnet. Man erhält sie bei der Verarbeitung des bespelzten Hafers auf Haferkerne. Nach den Ausführungen zum Futtermittelgesetz dürfen in Deutschland die Spelzen nicht unter der Bezeichnung „Kleie“ in den Handel kommen. Als Haferkleie dürfen einzig und allein jene Abfälle benannt werden, die bei der Verarbeitung von entspelztem Hafer zu Flocken oder Mehl entstehen. Wird das geschälte Korn weiter behandelt, so fallen die Kornspitzen, Fruchthaare und Mehlteilchen an, die das eigentliche Haferfuttermehl oder Haferweißmehl darstellen.

Als *Haferschleim* bezeichnet man ein Gemisch von Fruchthaaren, Mehl und Spelzen. Durch allerdings nicht restloses

Entfernen der Spelzen entstehen die Futterhaferflocken oder Haferkerne mit einem Spelzengehalt von 1—6 %.

Während beim Hafer die Spelzen den Kern nur lose umhüllen, sind bei der Gerste die Spelzen fest mit dem eigentlichen Gerstenkorn verbunden; deshalb ist die Verarbeitung der Gerste schwieriger als die des Hafers. Die Gerste wird hauptsächlich auf Graupen, Grieß und Grütze verarbeitet. Dabei fallen Substanzen an, die im Handel als Gerstenkleie, Graupenfutter, Graupenabfall und Gerstenfuttermehl bezeichnet werden, wobei die Kleien mehlärmer und schalenreicher als die Futtermehle sind. Die Abfälle der Gerstenmüllerei werden erfahrungsgemäß am meisten verfälscht, weshalb gerade beim Kauf dieser Produkte besondere Vorsicht geboten ist und sie zur Kontrolle einer landwirtschaftlichen Versuchsstation zur Feststellung ihres Futterwertes eingesandt werden müssen. Die wertvollsten Futtermittel der Gerstenmüllerei sind ähnlich wie beim Hafer die Gerstenfutterflocken und die geschälten Gersten, aus denen die Flocken erzeugt werden.

Bei der Maismüllerei fallen die *Maiskleien* an, falls der Mais rationell verarbeitet wird; andere Abfälle sind Maisschalen und Maiskeime. Die früher aus Nordamerika bzw. Südafrika eingeführten sogenannten Maiskleien waren in Wirklichkeit nach deutscher Bezeichnung Maisschrote; meist wurden sie aus dem gesamten Mehlkörper des Korns gewonnen, dem nur der Keimling zur Ölgewinnung entzogen wurde. Die aus Nordamerika eingeführten Waren kamen unter der Bezeichnung Hominyfeed als Maisfutter in den Handel, die aus Südafrika hießen Hominy Chop. Abfälle wie Maisspitzkleie und Maisspindelmehl stammen nicht aus dem Maiskorn, sondern der Maisspindel, somit dem Träger der Körner.

Beim Polieren des geschälten Reiskorns entsteht das *Reisfuttermehl,* das frei von Reisspelzen sein soll, aber meist solche, manchmal bis zu 30 %, beigemischt enthält. Ein Abfall mit weniger als 22 % Protein und Fett muß als Reisabfall und darf nicht als Futtermehl bezeichnet werden.

Übersteigt der Rohfasergehalt, der ein Ausdruck für den Spelzengehalt ist, 13 %, so ist er unbedingt anzugeben. Die Reisschalen sind grob zerkleinerte oder staubfein gemahlene Spelzen, die oft fälschlicherweise „Reiskleie“ genannt werden.

Zusammensetzung der Futtermittel der Getreidemüllerei

Getreideart	Wasser	Roh-protein	Rohfett	N-freie Extrakt-stoffe	Rohfaser	Asche
	%	%	%	%	%	%
Weizennachmehl	12,5	17,0	3,5	63,9	1,0	2,1
Weizenfuttermehl ...	12,5	14,5	3,3	62,7	4,2	2,8
Feine Weizenkleie ...	12,0	16,1	4,8	53,4	8,6	5,1
Weizenschälabfall ...	8,5	13,4	3,2	54,1	16,8	4,0
Weizenkoppstaub ...	13,0	18,8	3,4	46,7	12,3	5,8
Roggennachmehl	12,5	14,5	2,4	67,7	1,1	1,8
Roggenfuttermehl ...	12,5	14,6	2,7	64,4	3,0	2,8
Roggenkleie	12,5	15,4	3,2	59,6	5,1	4,2
Roggenschälabfall ...	8,5	19,3	5,5	52,8	10,0	3,9
Roggenspitzkleie	13,0	16,2	4,5	49,3	10,6	6,4
Haferkerne	4,2	11,7	7,5	72,4	0,7	3,5
Haferflockenfutter ..	7,8	12,5	6,7	67,8	3,2	2,0
Haferfuttermehl	8,6	15,5	8,9	61,6	2,1	3,3
Haferkleie	8,8	17,4	9,7	57,0	2,7	4,4
Haferschlamm	8,4	11,1	5,5	49,9	18,1	7,0
Gerstenfutterflocken .	12,8	12,1	1,8	70,7	1,1	1,5
Gerstenfuttermehl ...	12,0	12,5	3,0	64,0	5,0	3,5
Gerstenkleie	10,5	14,0	3,5	57,1	10,0	4,9
Hominyfeed	10,5	9,4	6,2	68,0	3,8	2,1
Maiskleie	9,9	10,8	14,4	50,7	10,2	4,0
Maisschalen	9,0	14,0	0,5	61,7	10,5	4,3
Maisspindelmehl	8,0	2,8	0,7	54,7	32,8	1,0
Reisfuttermehl	10,5	13,2	8,9	62,2	2,4	2,8
Reisspelzen	8,1	2,7	0,4	31,9	40,8	16,1
Hirsefuttermehl	9,5	17,5	16,5	40,9	8,6	7,0
Mohrenhirsekleie	9,4	9,2	11,9	50,0	12,5	7,0
Buchweizenkleie	13,0	13,3	4,0	42,9	23,0	3,8
Buchweizenfuttermehl.	12,0	31,8	8,4	38,3	4,8	4,7
Buchweizenschalen ...	10,8	4,3	0,4	41,3	41,5	1,7

Zusammensetzung der Abfälle von der Verarbeitung der Hülsenfrüchte

Hülsenfruchtart	Wasser	Roh-protein	Rohfett	N-freie Extrakt-stoffe	Rohfaser	Asche
	%	%	%	%	%	%
Erbsenkleie	11,5	16,6	1,6	46,9	20,0	3,4
Erbsenfuttermehl	13,6	23,0	2,0	51,6	6,8	3,0
Erbsenschalen	11,6	7,8	1,1	34,0	42,5	3,0
Saubohnenkleie	10,1	13,7	1,8	52,5	18,2	3,7
Saubohnenschalen ...	11,3	6,3	0,3	41,9	36,4	3,8
Sojabohnenschalen ...	0,0	5,9	1,5	49,5	33,7	9,4
Buschbohnenschalen ..	10,2	4,5	1,4	37,0	44,8	2,1

Die Futtermittel der Hirseschälerei sind das Hirsefuttermehl und die Hirseschalen, welch letztere völlig wertlos sind. Das Hirsefuttermehl muß praktisch frei von Hirsespelzen sein, da es nur aus den Abfällen des Polierens der entspelzten Hirse zu bestehen hat. Unter dem Namen „*Hirsekleie*“ werden jedoch Produkte in den Handel gebracht, die aus Poliermehl und gemahlenen Schalen bestehen, eine selbstverständlich ganz unzulässige Bezeichnung. Wegen des hohen Fettgehaltes verderben die Hirsefuttermehle leicht. Durch Zusammenpressen des Hirsepoliermehles mit den fetthaltigen Rückständen der Poliermaschinen entstehen die Hirsekuchen oder Hirsebrote.

In der Buchweizenmüllerei erhält man das *Buchweizenfuttermehl* und die *Buchweizenkleie*. Der Futterwert der Buchweizenkleien hängt von ihrem Gehalt an Stärketeilchen und Schalen ab, welch letztere wertvermindernd wirken. Die Buchweizenschalen sind völlig wertlos.

Bei der Verarbeitung der Hülsenfrüchte fallen Schalenkleien und Futtermehle an. Erbsenschalenkleie ist hochverdaulich. Aus den Pferdebohnen wird das sogenannte Kastormehl gewonnen. Obige Tabelle bringt eine Übersicht über die Zusammensetzung einiger Futtermittel der Müllerei.

Kleien und Futtermehle werden hauptsächlich in der Mast verwendet; die Futtermehle und die Kleien der Hülsenfrüchte beim Schwein, die Kleien der Getreidearten beim Rind. Bei reichlicher Verfütterung wirken sie erschlaffend auf die Verdauungsorgane. Die Weizenkleie wird vor allem beim Milchvieh verwendet; allerdings erzeugt sie eine Butter von weicher Beschaffenheit, und eine ähnliche Wirkung haben das Hirsepoliermehl, die Maiskleie und das Reisfuttermehl. Dagegen gibt die Roggenkleie eine trockene, harte Butter, ebenso die Hülsenfrüchte. Die Futtermehle werden vor allem in der Schweinemast verwertet, die Kleien können bei diesen Tieren das Getreideschrot ersetzen. Von den Futtermehlen verwendet man beim Schwein vor allem Erbsen-, Buchweizen- und Roggenkleie. Reisfuttermehl und Hirseabfälle erzeugen einen weichen Speck. Die Futtermittel der Müllerei spielen bei der Fütterung der Pferde nur eine untergeordnete Rolle. An Jungvieh werden die Futtermehle in Form warmer Suppen gegeben.

2. Futtermittel der Ölindustrie

Bei der Gewinnung von Ölen und Fetten muß man zwei Methoden unterscheiden, die Pressung und die Extraktion. In beiden Fällen muß das verunreinigte Saatgut zunächst gereinigt werden. Das saubere Material wird dann zumeist geschält und geschrotet bzw. zerquetscht. Bei der Pressung unterscheidet man zwischen Kalt- und Warmpressung. Die Kaltpressung wird hauptsächlich bei der Fabrikation von Speiseöl angewandt und ist dadurch ausgezeichnet, daß Farbstoffe, Geruchs- und Geschmacksstoffe des Samens nicht in das Öl gelangen. Bei der Warmpressung erhält man höhere Ausbeuten; doch sind die so erhaltenen Öle zunächst für Zwecke der menschlichen Ernährung nicht unmittelbar geeignet, da sie dunkel gefärbt sind und scharf schmecken; sie müssen vorher einer Raffination unterworfen werden. Bei dem Prozeß des Pressens erhält man die Preßkuchen. Diese sind wesentlich fettreicher als die Extraktionsrückstände. Beim Vorgang der Extraktion wird eine viel gründlichere Entfettung als beim Auspressen erzielt. Die gereinigten und zerkleinerten Ölfrüchte und Ölsamen werden in kontinuierlich arbeitenden Apparaten mit Fettlösungsmitteln, wie Benzol, Benzin, Schwefelkohlenstoff, Äther, Trichloräthylen, Tetrachlorkohlenstoff behandelt. Die Rückstände bei der Extraktion heißen Extraktionsmehle. Je reiner die Lösungsmittel und je sorgfältiger die Nachtrocknung der Rückstände, desto geruchloser sind die Extraktionsmehle. Durch Abblasen mit Dampf werden nämlich die in den mehligen Samenrückständen verbliebenen Reste der Extraktionsflüssigkeit entfernt.

Der Wert der Ölkuchen beruht vor allem auf ihrem hohen Gehalt an verdaulichem Eiweiß; erst in zweiter Linie kommt der Fettgehalt in Betracht. Ihre Hauptverwendung liegt in der Verfütterung an Milchkühe. Auch bei Jungtieren werden sie verwendet, ebenso für Pferde, Mastvieh und Schweine. Bemerkenswert ist der zum Teil hohe Phosphorsäuregehalt gewisser Ölkuchen.

Meist werden die Kuchen vor der Verabreichung zu grobem Schrot gebrochen und trocken oder, kurz vor der Fütterung etwas angefeuchtet, in Mischung mit anderen Futtermitteln verfüttert. Infolge ihres relativ hohen Fettgehaltes werden manche Rückstände der Ölfabrikation leicht ranzig, was oft bei den Tieren zu einer Entzündung der Verdauungsorgane führt. Besonders gefährlich sind verschimmelte oder faulige Ölkuchen. Die Rückstände der Ölfabrikation werden ungemein oft verfälscht, indem man teure Ölkuchen oder Mehle mit billigeren versetzt, sie mit wertlosen Stoffen, ähnlich wie die Müllereiabfälle, streckt, oder gar giftige Substanzen, wie Rizinusmehl, zusetzt. Die meisten Ölkuchen enthalten Vitamin B_1, in sehr geringer Menge auch Carotin, dagegen keine anderen Vitamine.

Baumwollsaatkuchenmehl. Die entfaserten und entschälten Samen der verschiedenen Arten der Baumwollstaude (Gossypium) werden gepreßt. Die Baumwollsaatschalen dienen in Amerika zur Fütterung der Mastrinder und weisen etwa den Nährwert der Weizenspreu auf. Wesentlich ist, ob das Baumwollsaatkuchenmehl aus geschälten oder ungeschälten Samen hergestellt wird. Die Baumwollsaatkuchen aus nicht geschälten Samen haben eine grünliche, gelbe bis braune Farbe, und die Schalenreste sind makroskopisch zu erkennen. Meist stammen sie aus Ägypten, Indien und den fernöstlichen Ländern und weisen wegen des hohen Schalengehaltes (50 %) einen geringen Nährwert auf. Die Kuchen aus der entschälten Saat stammen aus den Vereinigten Staaten und wurden früher in den Einfuhrhäfen weiter gereinigt und dann als „doppelt gesiebtes und entfasertes Produkt" in den Handel gebracht. Sie sind hellgelb gefärbt und besitzen einen angenehmen Geruch und nußartigen Geschmack. Da die Farbe beim Lagern nachdunkelt, kann eine dunkle Farbe als Merkmal einer langen und schlechten Lagerung gelten. An Milchvieh verfüttert man je Tier und Tag nicht mehr als 1 kg, an Pferde die gleiche Menge, an Zugochsen bis zu 2 kg, an Mastrinder bis zu 2,5 kg, an Mastschafe 0,3 kg. Im Baumwollsaatkuchenmehl findet sich eine Substanz, das Gossypol, die giftig wirkt. Besonders Jungvieh und Schweine sind gegen diesen Stoff sehr empfindlich, weshalb man das Baumwollsaatmehl an diese Tiere am besten nicht verfüttert. Schweine erkranken nach seinem Genuß schwer, meist tödlich.

Bucheckernkuchen. Die Bucheckernkuchen werden als Rückstände der Gewinnung des Bucheckernöls aus den Samen der Rotbuche, Fagus silvatica, gewonnen. Auch hier ist es ganz wesentlich, ob das Produkt aus geschälten oder ungeschälten Samen erzeugt wird. Die Kuchen aus geschälten Bucheckern sind hochverdaulich und sind an Kühe in Mengen von 2—4 kg auf 1000 kg Lebendgewicht, an Schafe und Schweine in Mengen von 0,25 kg zu verabreichen. Dagegen sind die Bucheckernkuchen für alle Einhufer (Pferd, Esel, Maultier) unbrauchbar, da das in ihnen enthaltene Fagin (Fagus-Saponin) tödlich wirkt. Geflügel, mit Ausnahme der Tauben, ist gegenüber dem Fagin unempfindlich. Die Kuchen aus den ungeschälten Bucheckernsamen sind außerordentlich geringwertig. Die Kuchen aus entschälten Samen haben einen Gehalt von 30 % verdaulichem Rohprotein.

Erdnußkuchen sind die Preßrückstände der Erdnußölfabrikation. Die Erdnuß (Arachis hypogaea L.) ist eine tropische Leguminose, deren Früchte ölreich sind. Diese Früchte heißen Erdnüsse; sie werden vor der Verarbeitung entschält, entkeimt und im zerkleinerten Zustand gepreßt. Als beste Produkte gelten jene, die aus den sogenannten Rufisque-Nüssen erhalten werden; darauf folgt in der Qualität das sogenannte deutsche Produkt und schließlich das sogenannte Marseiller Produkt, das meist 2—3 % Sand enthält. Die Farbe der Erdnußkuchen ist grauweiß bis rötlichbraun, sie besitzen einen süßen, an Bohnen erinnernden Geschmack und einen süßlichen Geruch. Gutenthülste Erdnußkuchen sind sehr bekömmliche und proteinreiche Ölrückstände mit fast 50 % Eiweiß und 6—7 % Fett. An Milch- und Mastrinder verfüttert man täglich bis zu 2 kg, an Pferde bis zu 1 kg, an Schweine und Mastschafe 0,5 bis 0,75 kg, kleinere Mengen an Jungvieh. Erdnußkuchen beeinflussen die Beschaffenheit der Milch und Butter günstig. Vielfach werden die Erdnußkuchenmehle mit Erdnußschalenmehl, ferner mit Rückständen von Senf- und Rapssamen, Mohn- und Rizinussamen verfälscht.

Hanfkuchen. Bei der Verarbeitung der Früchte des Hanfes (Cannabis sativa L.) fallen die Hanfkuchenmehle an. Gewöhnlich wird die Hanfsaat nicht geschält, weshalb die Preßrückstände erhebliche Mengen an Rohfaser enthalten. Manchmal weisen die Hanfkuchen narkotisch wirkende Substanzen auf, weshalb sie an junge und tragende Tiere am besten nicht verfüttert werden. Besonders der indische Hanf (Cannabis indica) enthält im Harz der weiblichen Blütenstände das Cannabinol, einen aromatischen Alkohol, der als Haschisch in der arabischen Welt bekannt ist. Ebenso erhalten Milchtiere und Schweine keine Hanfkuchen. Man verfüttert an Mastrinder 1,5 kg, an Pferde ebenfalls 1,5 kg, an Mastschafe 0,5 kg. Falls normale Kuchen vorliegen, sind sie ein bekömmliches Futter, das selten Verfälschungen aufweist, jedoch infolge schlechter Vorreinigung vor dem Pressen viele Verunreinigungen enthält.

Kokoskuchen. Bei der Ölgewinnung aus dem Samen der Kokospalme (Cocos nucifera L.) fallen die Kokoskuchen an. Das Kokosöl wird aus dem getrockneten Fruchtfleisch der Kokosfrüchte, der sogenannten Kopra, gewonnen; es enthält 60—70 % Fett. Kokoskuchen weisen einen angenehmen nußartigen Geruch auf und werden von allen Tieren gefressen. Sie sind ein ausgesprochenes Futter für Milchvieh, weil sie auf Menge und Güte des Milchfettes günstig einwirken. Gewöhnlich verwendet man an Milchvieh je Tier und Tag 2 kg.

Palmkernkuchen. Die Samenkerne der afrikanischen Ölpalme (Elaeis Guineensis) und der schwarzkörnigen Ölpalme (Elaeis melanococca) ergeben bei der Verarbeitung das Palmkernöl und liefern bei der Pressung als Rückstand die Palmkernkuchen, bei der Extraktion das Palmkernschrot; die Palmkernrückstände gehören zu den haltbarsten Ölkuchen, sie sind sehr schmackhaft und hochverdaulich. Da sie nicht nur die Menge, sondern auch den Fettgehalt der Milch erhöhen und eine feste Butter geben, sind sie ein geschätztes Milchviehfutter. An Milchtiere gibt man 2 bis 2½ kg je Tier und Tag. Auch bei der Schweinemast erzeugen sie harten Speck.

Sesamkuchen. Die Sesampflanze (Sesamum indicum bzw. orientale) gibt bei der Gewinnung des Sesamöles als Rückstand die Sesamkuchen, deren Farbe je nach dem Ausgangsprodukt verschieden ist. Ihr Proteingehalt ist 38,7 %, ihr Fettgehalt etwa 6 %. Wichtig ist, daß sie viel Calcium und Phosphorsäure enthalten. Auch sie werden vor allem als Milchfutter verwertet, meist in Mengen von 1 kg je Tier und Tag. Auch als Mastfutter wirken sie günstig auf Menge und Güte der Fleisch- und Fettproduktion. Bei der Schafmast wirken sie erweichend auf den Hammeltalg. Da sie in großen Gaben weiche Butter erzeugen, werden sie am besten an Milchvieh gemeinsam mit Rübenblättern, Palmkern- und Kokoskuchen verfüttert. Auch Pferde erhalten 1 kg je Tier und Tag. Bei ihrer Aufbewahrung muß man berücksichtigen, daß sie leicht ranzig werden und schimmeln.

Sojabohnenkuchen. Bei der Gewinnung von Sojabohnenöl wird die Sojabohne (Glycine hispida Max.) entweder gepreßt oder extrahiert, wobei Sojabohnenkuchenmehl oder Sojabohnenmehl als Rückstand erhalten wird. Das Sojabohnenmehl enthält 42—48 % Rohprotein und etwa 5 %

Fett und ist hochverdaulich. Auch das Sojabohnenmehl wird hauptsächlich an Milchtiere in Mengen von 1,5 kg je Tier und Tag verfüttert, aber auch an Pferde bis zu 1,5 kg; an Mast- und Arbeitsochsen bis zu 2 kg, an Mastschafe bis zu 0,5 kg, an Jungvieh in kleineren Mengen, an Läuferschweine etwa 0,5 kg. Nach Verfütterung von Sojaschrot, das mit Trichloräthylen entfettet wurde und noch Reste davon enthielt, beobachtete man gelegentlich Krankheitserscheinungen, die als Dürener Rinderkrankheit bezeichnet wurden und auf die Giftigkeit des genannten Fettlösungsmittels zurückzuführen sind. Die Sojabohne enthält einen das Enzym Trypsin hemmenden Faktor (Soyin), der durch Erhitzen zerstört werden kann. Da das Trypsin bekanntlich ein wesentliches Ferment der Eiweißverdauung ist, wird durch rohe Sojabohnen die Verdaulichkeit des Sojabohneneiweißes bzw. des Eiweißes der gesamten Futterration infolge der genannten Substanz wesentlich herabgesetzt.

Sonnenblumenkuchen. Werden die Samen der Sonnenblume (Helianthus annuus) auf Sonnenblumenöl verarbeitet, so fallen als Preßrückstände die Sonnenblumenkuchen bzw. durch Extraktion das Sonnenblumenextraktionsschrot an. Meist werden zur Ölgewinnung schlecht gereinigte und geschälte Samen genommen, was zur Folge hat, daß die Zusammensetzung der Rückstände je nach dem Schalengehalt sehr schwankt, nämlich der Eiweißgehalt zwischen 20—50 %, der Fettgehalt zwischen 5—30 %, der Rohfasergehalt zwischen 6 und 24 %; als Mittelwerte kann man 29 % Eiweiß und 8 % Fett angeben. Vor allem verwendet man sie für Milchtiere in Mengen von 2—2½ kg je Tier und Tag, da sie vorteilhaft auf den Fettgehalt der Milch einwirken. Auch bei der Mast der Rinder und Schafe wirken sie günstig, und man kann sie auch an Pferde, Schweine und Geflügel verfüttern. Je Tier und Tag verabreicht man an Milchvieh 2—2½ kg, an Mastrinder bis 5 kg, an Pferde 2—5 kg, an Schafe 0,15 kg, an Schweine 1—1,5 kg. Die Sonnenblumenkuchen sind sehr haltbar.

Raps- und Rübsenkuchen. Raps- und Rübsenöl werden aus Raps (Brassica napus L.) und Rübsen (Brassica rapa L.) gewonnen. Auch die Rückstände der Ölgewinnung aus den indischen Rapsarten, wie gelber indischer Raps (Brassica glauca Roxb.), brauner indischer Raps (Brassica dichotoma), punktierter indischer Raps (Brassica ramosa), Sareptasenf (Brassica juncea), werden in Europa gehandelt. Raps und Rübsen entwickeln etwa 0,123—0,131 % Senföl, die indischen Rapsarten jedoch 0,3—0,78 %. Die indischen Rapsarten entwickeln somit wesentlich größere Mengen an Senfölen, wozu noch kommt, daß es sich dabei um das besonders schädliche Allylsenföl handelt, während der europäische Raps- und Rübsensamen Crotonylsenföl aufweist, das nicht so gefährlich wirkt. Trotz des höheren Eiweiß- und Fettgehaltes der indischen Rapsarten sind sie daher nur mit Vorsicht anzuwenden. Die Samen der Cruciferen weisen das Glykosid Sinigrin oder myronsaures Kalium auf, das durch das Enzym Myrosin, welches in den Samen stets anwesend ist, nach der folgenden Gleichung in Allylsenföl, Kaliumbisulfat und Glukose zerfällt:

$$\underset{\text{Sinigrin}}{C_{10}H_{18}NS_2O_{10}K} = \underset{\text{Allylsenföl}}{C_3H_5 \cdot NCS} + KHSO_4 + C_6H_{12}O_6$$

Diese Senföle erzeugen Erkrankungen der Verdauungs- und Harnorgane, Abmagerung der Tiere, Verkalben, schlechten Geschmack der Milch, Durchfall und Siechtum der Säuglinge und Kälber, die mit solcher Milch ernährt werden[1].

Im *weißen Senf* findet sich das Glykosid Sinalbin, das bei der Spaltung das Sinalbinsenföl liefert, welches weniger schädlich als das Allylsenföl wirkt. Raps- und Rübsenkuchen mit großen Mengen Senföl bildender Stoffe sind als Futtermittel unbrauchbar. Werden sie mit warmem Wasser (nicht über 70°) angerührt, so macht sich ein höherer Gehalt an Senfölen schon durch den stechenden Geruch bemerkbar. Im übrigen sind die Raps- und Rübsenkuchen

1) Siehe dazu K. Scharrer, J. Jung und A. Pilgenröther, Arch. Tierernährung, Beiheft 5 (Festschr. Scheunert), S. 77 (1954).

wegen ihrer hohen Verdaulichkeit und Schmackhaftigkeit als Futtermittel durchaus brauchbar. Rapskuchen enthalten etwa 32 % Eiweiß und 8 % Fett. Am besten verabreicht man die Kuchen trocken, da bei feuchter Verfütterung immer etwas Senföl entwickelt wird, das durch seinen Geruch die Tiere vom Verzehr abhält. An Milchvieh gibt man nicht mehr als 1 kg des Rapskuchens, an Mast- und Zugochsen 2 kg, an Schafe 0,15 kg; Jungvieh, auch Zuchtsauen und Pferde erhalten am besten keine Rapskuchen. Durch Kochen und Dämpfen vor der Verfütterung wird das flüchtige Senföl zum Teil entfernt. Vielfach werden Rapskuchenmehle im Handel angeboten, die nur ein Gemisch zerkleinerter Unkrautsamen darstellen, wie Ackersenf, Kornrade, Melde usw.

Kürbiskernkuchen. Die ölhaltigen Samen des gemeinen Kürbisses (Cucurbita pepo L.) liefern bei der Ölgewinnung die Kürbiskernkuchen, deren Eiweiß- und Fettgehalt sehr schwankend ist. Die Tiere nehmen sie nicht gerne auf. Sie kommen höchstens für die Fütterung an Mastochsen in Betracht.

Leinkuchen. Die Samen der Leinpflanze (Linum usitatissimum) ergeben bei der Ölgewinnung Rückstände, die, falls eine Pressung vorgenommen wurde, Leinkuchen heißen, falls es sich um eine Extraktion handelt, als Leinkuchenmehl oder Leinkuchenschrot bezeichnet werden. Da sie, mit warmem Wasser verrührt, einen milden Schleim liefern, der ähnlich wie die ursprünglichen Leinsamen eine günstige Wirkung auf die Verdauungsorgane hat, werden sie als diätetisches Mittel bei Jungtieren zur Zeit der Entwöhnung, ferner bei schwächlichen Tieren angewandt, auch als mildernder Zusatz zu Futtermitteln, die an und für sich die Verdauungsorgane reizen. Der Gehalt an Eiweiß und Fett hängt von der Herkunft, Reinigung und Verarbeitung der Leinsaat ab und schwankt zwischen 16—43 % für Eiweiß und 5—22 % für Fett. An Milchtiere verfüttert, rufen sie in größeren Mengen eine ungünstige Beeinflussung des Butterfettes und des Geschmackes der Butter hervor, und zwar die Kuchen mehr als die Extraktionsmehle. Am vorteilhaftesten wirken sie beim Übergang der Voll- zur Magermilch, am besten verfüttert in Form von warmen Suppen. Auch an Arbeits- und Mastvieh können sie verfüttert werden, während sie bei Mastschweinen in größeren Gaben leicht einen öligen Speck und ein Fleisch von schlechtem Geschmack erzeugen. Die Leinkuchen sind vielfach stark verunreinigt und werden auch gerne verfälscht.

Leindotterkuchen. Wird der Same des Leindotters (Camelina sativa) gepreßt, so erhält man neben Leindotteröl die Leindotterkuchen, die beim Anfeuchten Senfölgeruch zeigen. Bei Verfütterung an Milchtiere wird die Qualität der Milch und Butter ungünstig beeinflußt, weshalb höchstens Gaben bis zu 1 kg je Tier und Tag an Milchtiere zu verabreichen sind. An Jungvieh und Pferde sind sie nicht zu verfüttern.

Maiskeimkuchen. Wird Mais auf Maisstärke und Glukose verarbeitet, so werden die Maiskeime erhalten, die bei der Pressung bzw. Extraktion Maiskeimkuchen oder Maisölkuchen bzw. Maiskeimmehl liefern. Neben den Keimbestandteilen finden sich in ihnen noch Schalenteile des Maiskorns und Stärkemehl. Man verfüttert die Maiskeimkuchen und Maiskeimmehle an Masttiere, Pferde und Milchvieh, wobei mäßige Mengen zu verabreichen sind, da sonst leicht das Milchfett und die Schlachtprodukte ungünstig beeinflußt werden (im Sinne der Bildung von weicher Butter, weichem Speck und Fleisch). Am besten reicht man daher die Maiskeimkuchen gemeinsam mit Futtermitteln, die eine gegenteilige Wirkung erzeugen, wie Kokos- und Palmkernkuchen bei Milchtieren, Erbsen- und Bohnenschrot bei Mastrindern und Schweinen.

Mandelkuchen. Die Samenkerne des Mandelbaumes (Amygdalus communis L.) geben beim Pressen neben dem Mandelöl die Mandelkuchen, die einen hohen Gehalt an Eiweiß und Fett und hohe Verdaulichkeit aufweisen. Sie sind ein besonders für Milchvieh verwendbares Futter. Die bitteren Mandeln sind ölärmer als die süßen und enthalten ein Glykosid, das Amygdalin, das durch das Enzym Emulsin in Blausäure, Glukose und Benzaldehyd (Bittermandelöl) gespalten wird.

$$\underset{\text{Amygdalin}}{C_{20}H_{27}NO_{11}} + 2H_2O = \underset{\text{Benzaldehyd}}{C_6H_5CHO} + 2C_6H_{12}O_6 + \underset{\text{Blausäure}}{HCN}$$

In Mandelkuchen aus bitteren Mandeln kann daher auf diese Weise Blausäure erzeugt werden.

Mohnkuchen. Die Samen des Mohns (Papaver somniferum L.) geben beim Auspressen neben Mohnöl die Mohnkuchen. Sie sind ein gutes Futter für Mastvieh, dem man Rationen von 2—3 kg je Tier und Tag verabreichen kann. Pferde erhalten bis 1 kg, Milchvieh 1—1½ kg, weil größere Mengen den Fettgehalt vermindern. Da die Mohnkuchen manchmal geringe Mengen Opiumalkaloide enthalten, haben sie schwach narkotische Eigenschaften, weshalb sie besonders für die Mast geeignet sind. Beim extrahierten Mohnkuchenschrot konnten solche narkotischen Eigenschaften nicht beobachtet werden[1]. In neuerer Zeit wurde die Verdaulichkeit von extrahiertem Mohnkuchenschrot an Schafen von Bünger und Fissmer[2] bzw. Scharrer und Schreiber[1] untersucht.

Nußkuchen. Die Früchte des Walnußbaumes (Juglans regia L.) werden behufs Gewinnung von Nußöl gepreßt und liefern als Rückstand den Nußkuchen. An Milchvieh kann von diesem hochverdaulichen Futtermittel bis zu 1,5 kg je Tier und Tag gegeben werden.

Nigerkuchen. Wird die Nigerpflanze oder Öltrespe (Guizotia oleifera D.) auf Öl verarbeitet, so verbleiben als Rückstände die Nigerkuchen, die zur Fütterung an Milchtiere und bei der Mast der Rinder und Schafe geeignet sind.

Madiakuchen. Die Früchte der Ölmadie (Madia sativa L.) geben bei der Pressung als Rückstand die Madiakuchen, die wegen Vorhandenseins narkotischer Stoffe nur an Mastrinder gegeben werden können.

1) K. Scharrer und R. Schreiber, Tierernährung (Leipzig) 14, 165 (1942).
2) H. Bünger und F. Fissmer, Z. Tierernähr. und Futtermittelkunde (Berlin) 6, 65 (1942).

Ricinuskuchen. Die Ricinuskuchen wirken wegen des Gehaltes an einem giftigen Eiweißstoff schon in geringen Mengen tödlich und sind deshalb als Futtermittel gänzlich unbrauchbar.

Auch die Rückstände der Gewinnung ätherischer Öle finden als Futtermittel Verwendung, wenn auch nur in beschränktem Umfang. Es handelt sich dabei um die Anissamenrückstände, Fenchelsamenrückstände, Kümmelsamenrückstände, Koreandersamenrückstände. Die gequetschten Samen werden mit Wasserdampf behandelt, wodurch die ätherischen Öle mit Wasser abdestilliert werden. Da das ursprüngliche Fett dabei nicht vermindert wird, so liegen hier fettreiche Futtermittel vor, die vor allem für Milchtiere und Mastrinder verfüttert werden. Besonders die Anissamen- und Fenchelsamenrückstände fördern die Milchsekretion.

Die Zusammensetzung der wichtigsten Futtermittel, die Abfälle der Ölfabrikation sind, gibt die Tabelle auf S. 92 wieder.

3. Rückstände der Stärkefabrikation

Bei der Gewinnung von Stärke aus Kartoffeln werden diese zunächst gereinigt und zerkleinert bzw. zerrieben, um die Zellen möglichst vollständig zu öffnen und damit die Stärke freizulegen. Das Reibsel setzt sich aus dem Fruchtsaft, freien Stärkekörnern und den zerrissenen Kartoffelfasern, der sogenannten Pülpe, zusammen. Im Zug der weiteren Maßnahmen zur Isolierung der Stärke aus dem Brei werden verschiedene Siebvorrichtungen angewandt, wobei die *Pülpe* auf den Siebmaschen zurückbleibt. Sie enthält in frischem Zustand 94 % H_2O. Durch Liegenlassen auf durchlässigen Böden erhöht sich die Trockensubstanz auf 20—40 %. Rascher wird dies erreicht, falls man die Pülpe in Pülpepressen unter Zusatz von Kalk abpreßt. Die Pülpe wird entweder frisch oder eingesäuert bzw. trocken verwendet. Wird sie in frischem Zustand verfüttert, so muß sie vorher angewärmt oder gedämpft, für Schweine gekocht werden. Frische Pülpe ist ein wässeriges, geschmackloses Futter, das, um von den Tieren besser ausgenutzt zu werden, am besten gemeinsam mit eiweißreichen Trockenfuttermitteln gereicht wird. Es wird hauptsächlich in der Rinder-

Name des Ölkuchens oder Schrotes	Wasser	Rohprotein	Rohfett	N-freie Extraktstoffe	Rohfaser	Asche
	%	%	%	%	%	%
Baumwollsaatkuchen						
ungeschält	10,8	24,7	6,4	26,6	24,9	12,4
geschält	9,6	43,9	12,9	20,5	5,7	6,6
Bucheckernkuchen						
ungeschält	10,0	23,9	4,2	31,8	24,0	6,1
geschält	9,5	36,7	9,2	28,6	6,6	9,4
Erdnußkuchen						
ungeschält	9,2	31,6	8,9	20,7	22,7	6,9
geschält	9,8	49,0	8,0	23,5	4,1	5,6
Sojaschrot extrahiert .	11,6	45,5	0,9	0,0	0,0	5,4
Sonnenblumenkuchen						
geschält	9,2	39,4	12,6	20,7	11,8	6,3
ungeschält	11,3	29,1	8,2	0,0	0,0	0,0
Sojakuchen	13,4	40,3	7,5	28,1	5,2	5,2
Traubenkernkuchen .	10,4	15,4	10,6	20,5	36,5	6,6
Sesamkuchen hell ...	9,9	39,5	10,5	22,0	8,5	9,6
Sesamkuchen dunkel .	12,0	37,5	9,5	23,0	8,5	9,5
Rapsschrot extrahiert	10,0	34,0	5,0	31,0	12,2	7,8
Rapskuchen	11,5	30,9	9,6	29,8	11,0	7,2
Rübsenkuchen	10,4	31,4	9,0	33,8	8,2	7,2
Palmkernkuchen ...	10,4	16,8	9,5	35,0	24,0	4,3
Palmkernmehl						
extrahiert	10,9	17,4	4,5	36,9	25,9	4,4
Nußkuchen						
geschält	13,8	34,6	12,2	27,6	6,7	5,1
ungeschält	9,5	9,5	9,0	46,3	23,7	2,0
Hanfkuchen	11,9	29,8	8,5	17,3	24,7	7,8
Hanfkuchenmehl ...	10,5	36,0	3,2	21,0	21,0	8,3
Kokoskuchen	10,3	19,7	11,0	38,7	14,4	5,9
Kürbiskernkuchen ..	9,5	36,1	22,7	11,8	14,1	5,8
Leinkuchen	11,8	28,7	10,7	32,1	9,4	7,3
Leinschrot extrahiert .	11,4	34,5	3,0	35,4	2,0	6,7
Leindotterkuchen ...	10,4	33,1	9,7	29,1	11,2	6,5
Madiakuchen	10,8	31,8	9,0	21,7	19,2	7,5
Maiskeimkuchen	11,3	19,5	9,0	44,8	8,8	6,6
Mandelkuchen	9,5	41,3	15,2	20,6	8,9	11,5
Mohnkuchen	11,4	36,5	11,5	18,4	11,2	11,0
Nigerkuchen	11,5	33,1	4,4	23,4	19,6	8,0

und Schweinemast verwendet, evtl. auch für Milchtiere, nicht aber für Pferde und Schafe. Mastvieh kann bis zu 30 kg, Milchvieh 20—25 kg und Schweine können bis zu 10 kg je Kopf und Tag erhalten, entsprechend weniger reicht man von der gepreßten Pülpe.

Die *gepreßte Pülpe* wird am besten in besonderen Trommelapparaten getrocknet und hat dann folgende Zusammensetzung:

Wasser	etwa 12 %	
Rohprotein	etwa 5 %	
N-freie Extraktstoffe	etwa 70,0 %	(50—60 % Stärke)
Rohfett	etwa 0,6 %	
Rohfaser	etwa 10,0 %	
Aschenbestandteile	etwa 4,0 %	

Von der *getrockneten Pülpe* erhalten Pferde und Mastrinder 2,5—3,5 kg und Milchkühe 1—2 kg je Tier und Tag. Im übrigen kann die Trockenpülpe an alle landwirtschaftlichen Nutztiere, auch an Schweine, in Verbindung mit eiweißreichen Futtermitteln verabreicht werden. Der Wassergehalt getrockneter Pülpe darf 12 % nicht übersteigen, der durch den Fabrikationsprozeß zurückgebliebene Gehalt an Kalk nicht höher als 1,3 % CaO (2,3 % $CaCO_3$) sein.

Kartoffeleiweißfutter. Das ebenfalls bei der Gewinnung von Stärke aus Kartoffeln anfallende Fruchtwasser enthält nur 0,2—0,6 % Trockensubstanz und ist in dieser Verdünnung als Futtermittel wertlos, zumal es auch rasch fault. In neuerer Zeit ist es gelungen, das bei der Kartoffelstärkefabrikation früher kaum rationell verwertete Kartoffeleiweiß zu einem Eiweißfutter zu verarbeiten. Bisher wurde das Kartoffelreibsel unmittelbar in Stärke umgewandelt, wobei das Fruchtwasser mit seinen Eiweißsubstanzen verloren ging. Nach modernen Verfahren schleudert man das Reibsel auf Großraumschleudern unter hohem Schleuderdruck ab oder preßt es; dadurch werden 50—60 % des

Fruchtwassers in unverdünntem Zustand erhalten. Es wird im Hochvakuum eingedickt und mit der Pülpe zu einem Eiweißfutter von 18—20 % Eiweiß verarbeitet. Man kann auch das Reibsel mit der drei- bis vierfachen Wassermenge verdünnen und es in Trockenschleudern abtrennen. Das verdünnte Fruchtwasser wird dann auf 80—90° erhitzt, wodurch das Kartoffeleiweiß koaguliert, das so gewonnene Eiweiß wird der Pülpe zugefügt. Auf solche und ähnliche Weise erhält man Kartoffelsaft-Pülpeflocken, Kartoffeleiweißflocken und Kartoffeleiweißpülpeflocken, kurzum Futtermittel, die das vollwertige Kartoffeleiweiß enthalten und für die Schweinemast ausgezeichnet verwendet werden können.

Aus Weizen wird die Stärke nach dem Sauer-, dem Süß- und dem Martin-Verfahren gewonnen. Beim Sauerverfahren wird der Weizen zerkleinert und durch Zugabe von Sauerwasser einer 14tägigen Säuerung unterzogen. In rotierenden Trommeln läuft die Stärke als Stärkemilch ab, während Keime, Schalen und nichtgelöster Kleber als *Weizentreber* (Weizenpülpe) zurückbleiben. Die Stärkemilch wird wiederholt gesiebt und zentrifugiert, wodurch eine Trennung in Stärke und Weizenstärkeschlempe ermöglicht wird. Nach dem Süßverfahren wird der Weizen nach mehrtägigem Einweichen zerkleinert und die Stärke ausgewaschen. Der Kleber wird von den Hülsen und Keimen durch die Kleberwaschtrommel getrennt. Das Martin-Verfahren verarbeitet nicht das ganze Korn, sondern geht vom Mehl aus, das mit Wasser in Knetmaschinen zu einem Teig geknetet wird; die Trennung in Stärke und Kleber erfolgt in einem besonderen Auswaschapparat. Sowohl Weizentreber wie *Weizenschlempe* sind im frischen Zustand sehr wasserreich und faulen deshalb sehr leicht; sie werden an Mastrinder, Milchvieh und Schweine verfüttert, wobei am besten phosphorsaurer Futterkalk beigefüttert wird. Der Weizentreber ist hochverdaulich, während die Weizenstärkeschlempe weniger gut verdaut wird. Beide Futtermittel werden auch getrocknet und sind dann allen Tieren zuträglich; auch hier empfiehlt sich wieder die Beigabe von phosphorsaurem Futterkalk. Die Zusammensetzung von frischem und getrocknetem Weizentreber ist:

	Frische Weizentreber	Getrocknete Weizentreber
	%	%
Wasser	74,0—84,0	10,0—13,0
Rohprotein	2,0— 4,0	7,0—14,0
Rohfett	1,0— 2,0	3,0— 7,0
N-freie Extraktstoffe	10,0—15,0	50,0—75,0
Rohfaser	2,0— 5,0	7,0—13,0
Mineralstoffe	0,5— 0,7	1,5— 2,5

Der bei der Herstellung von Weizenstärke zurückbleibende Weizenkleber wird wegen seiner leichten Zersetzlichkeit meist getrocknet und ist dann ein eiweißreiches und hochverdauliches, für Milchkühe, Mastrinder und Schweine bekömmliches Futtermittel, das am besten mit kohlenhydrathaltigen Futtermitteln gemeinsam gegeben wird und folgende Zusammensetzung aufweist:

Zusammensetzung von getrocknetem Weizenkleber

Wasser	8,5 %	N-freie Extraktstoffe	17,0 %
Rohprotein	70,0 %	Rohfaser	0,5 %
Rohfett	2,0 %	Aschenbestandteile	2,0 %

Die Verarbeitung von Mais auf Stärke wird so durchgeführt, daß der gereinigte Mais unter Zugabe von schwefeliger Säure in warmem Wasser eingeweicht und nach dem Zerkleinern der stärkehaltige Anteil mit Kleber und Schalen von den Keimen getrennt wird. Die sich aus Stärke, Schalen und Kleber zusammensetzende Masse wird unter Wasserzusatz gemahlen; aus dem Mahlgut werden dann die Schalen mit Teilen des Klebers auf Schüttelsieben abgetrennt. Die Rohstärkemilch wird absitzen gelassen, wobei der Kleber abfließt; eingedampft und getrocknet, erhält man das Klebermehl.

Maizenafutter, Maisolin oder Maisana (Glutenfeed) besteht aus den getrockneten, bei der Stärkeauswaschung abgeschwemmten Kleberteilen und Maisschalen. Es besitzt schwach säuerlichen Geschmack, ist von gelblicher Farbe und wird bei der Mast der Rinder und Schweine, bei Milchtieren und Jungvieh verwendet. Seine Zusammensetzung ist:

Wasser	9,7 %	N-freie Extraktstoffe	51,9 %
Rohprotein	24,8 %	Rohfaser	6,8 %
Rohfett	3,3 %	Asche	3,5 %

Die Rückstände, die auf den Auswaschsieben verbleiben, werden als Maisstärkeschlempe bezeichnet, die getrocknet im Futterwert etwa dem Maizenafutter entspricht. Der Kleber, der aus der Rohstärkemilch gewonnen wird, enthält neben wenig Schalenbestandteilen noch Stärke und heißt Maiskleber; er zeichnet sich durch seinen hohen Eiweißgehalt aus, ebenso ist sein Fettgehalt beachtlich (9 %). Neben den schon bei den Rückständen der Ölfabrikation erwähnten Maiskeimen oder Maisölkuchen werden bei der Stärkefabrikation aus Mais noch die Maisflocken gewonnen. Sie bestehen aus Mais, dem bei der Verarbeitung auf Stärke nur ein Teil dieser entzogen wurde; sie werden ähnlich wie Kartoffelflocken getrocknet und sind in gleicher Weise wie Maisschrot zu verwerten und zu verfüttern.

Zur Stärkegewinnung aus Reis wird dieser in verdünnter Natronlauge eingeweicht, wodurch das Eiweiß hydrolysiert wird. Dadurch wird die Trennung des Klebers von der Stärke ermöglicht. Der so vorbereitete Reis wird zerkleinert und das Stärkemehl durch Siebe, Zentrifugen und Filterpressen gereinigt und getrocknet. Die *Reispülpe* oder *Reisschlempe* setzt sich aus dem beim Reinigen der Reisstärke anfallenden Schlamm zusammen, der Teile der Samenschalen, Keime, Kleber und Stärke enthält. Ihr Wassergehalt ist sehr hoch, so daß sie in frischem Zustand nur beschränkt verwendbar ist, zumal sie sich leicht zersetzt. In gepreßter Form ist sie schon eher verwendbar, sie hat dann als sogenanntes Reispreßfutter 30—60 % H_2O bei einem Eiweißgehalt von 8—20 % bzw. Fettgehalt von 0,5—3,0 %; in dieser Form wird sie hauptsächlich als Mastfutter für Schweine verwertet. Am besten ist, sie unter Kalkzusatz zu trocknen. Getrocknete Reispülpe ist ein für Milchvieh und für die Schweinemast verwendbares Futtermittel von hoher Verdaulichkeit und folgender Zusammensetzung:

Wasser	14,0 %	N-freie Extraktstoffe	55,3 %
Rohprotein	26,0 %	Rohfaser	1,2 %
Rohfett	2,0 %	Mineralstoffe	1,5 %

Reiskleber erhält man aus den Weich- und Waschwässern durch Einleiten von Kohlensäure oder Salzsäure, wodurch die in Lösung gegangenen Eiweißkörper ausgefällt werden. In getrocknetem Zustand ist er ein eiweißreiches und hochverdauliches Futtermittel; er wird in Mischung mit kohlenhydrathaltigem Futter an Mastschweine und Milchkühe verabreicht.

4. Rückstände der Brauerei

Malzkeime. Die Malzkeime bestehen nach dem Futtermittelgesetz aus den bei der Malzbereitung gewonnenen Keimen verschiedener Getreidearten, die größtenteils schon in der Malzdarre, vollständiger durch die Putzmaschine, von dem Malzkorn abgetrennt werden. Wesentlich ist, daß die aus Gerste gewonnenen Malzkeime nur Wurzelkeime sind. Die Malzkeime des Weizens enthalten neben den Wurzelkeimen auch Blattkeime. Für Zwecke der Fütterung ist erwünscht, daß die Malzkeime eine möglichst helle Farbe besitzen. Je nach der Art des Malzes und der Darrbehandlung ist nämlich die Farbe heller oder dunkler. Da die Verdaulichkeit bei längerer Darre leidet, haben dunklere Malzkeime einen geringeren Nährwert. Ihre Zusammensetzung beträgt:

	Gerstenmalzkeime %	Weizenmalzkeime %
Wasser	10,0	11,0
Rohprotein	24,0	27,0
Rohfett	2,0	4,0
N-freie Extraktstoffe	43,0	39,8
Rohfaser	14,0	12,0
Mineralstoffe	7,0	6,2

Die Kohlenhydrate bestehen bis zu 12—13 % aus Rohrzucker, Invertzucker, Maltose; außerdem sind ziemlich viel organische Säuren anwesend. Ein Drittel des Rohproteins ist in Form von Amiden vorhanden. Der Calciumgehalt der Malzkeime ist sehr gering, das Ca/P-Verhältnis ungünstig. Wegen der starken Hygroskopizität der Malzkeime verderben sie leicht durch Schimmelbildung, weshalb man bei ihrer Lagerung Vorsicht anwenden muß und sie an trockenen Orten in Säcken aufzubewahren hat. Da die Amide die Milchsekretion anregen, sind Malzkeime ein spezifisches Futter für Milchkühe, die sie bis zu 3 kg je Tier und Tag eingeweicht oder angebrüht erhalten. Gute Malzkeime haben hellbraune Farbe und entwickeln beim Anbrühen einen angenehmen, würzigen Geruch. Auch an Mastrinder und Zugochsen verfüttert man 3 kg in gleicher Form. Arbeitspferde erhalten Mengen bis zu 3 kg und Schafe bis zu 0,25 kg im trockenen Zustand, ebenso Mastschweine bis zu 1 kg. Fohlen und Kälber bekommen 0,5—2 kg je Kopf und Tag. Bei tragenden und säugenden Tieren muß man mit der Verfütterung von Malzkeimen vorsichtig sein, da nach ihrem Verzehr Verkalben und Durchfall beobachtet worden sind; ähnliche Erkrankungen sind auch bei Ferkeln festgestellt worden. Man vermutet, daß das in Gerstenkeimlingen vorkommende Hordenin schädlich wirkt. Säuerlich riechende Malzkeime sind als verdorben anzusehen; vielfach werden sie geschwefelt, um den üblen Geruch zu zerstören und die dunkle Farbe aufzuhellen.

Malzkleie ist nach den geltenden Bestimmungen keine eigentliche Kleie, sondern Malzstaub, der beim Vermahlen von Malz anfällt. Dieser Malzstaub weist auch die Rückstände auf, die beim Putzen und Polieren des Malzes entstehen; er enthält daher Malzmehl, Spelzen, etwas Malzkeime und Malzbruch.

Die Malzkleie weist im besten Fall den Nährwert von mittlerem Wiesenheu auf.

Biertreber sind die Rückstände, die aus stärkemehlhaltigen Rohmaterialien nach dem Einmaischen und dem Entzug der Maische erhalten werden. Zur Herstellung der Bierwürze wird das geschrotete Malz mit warmem Wasser versetzt. Die Stärke wird dadurch in Dextrine und Zuckerarten verwandelt. Durch Filtrieren und Nachwaschen wird die Würze vom Rückstand getrennt; dieser Rückstand sind die frischen oder nassen Biertreber, die von dem ursprünglichen Malz noch sämtliche Schalen und Spelzen, fast alles Fett, Aleuronzellen, Stärkereste und etwa drei Viertel der

Eiweißstoffe enthalten. Man rechnet auf 100 kg Malz 125 bis 130 kg frische Treber. Die mittlere Zusammensetzung frischer Biertreber ist:

Wasser	77,0 %
Rohprotein	5,3 %
Rohfett	1,4 %
N-freie Extraktstoffe	11,0 %
Rohfaser	4,0 %
Mineralstoffe	1,3 %

Frische Biertreber werden in frischem, noch warmem Zustand an Milchkühe in Mengen von 10—20 kg je Tier und Tag, an Mastrinder und Schweine bis zu 24 kg auf 1000 kg Lebendgewicht verfüttert. Bei Schafen und Pferden sind die Biertreber wegen ihres hohen Gehaltes an Wasser nur als Nebenfutter zu gebrauchen. Auch bei kurzer Aufbewahrung unterliegen sie einer raschen Säuerung und Verschimmelung und wirken dann schädlich, indem sie Durchfall erzeugen und die Menge und Güte der Milch herabsetzen. Nasse Biertreber müssen, falls sie nicht sofort verfüttert werden können, im Notfall unter Wasser aufbewahrt werden, weil dann nur eine reine Milchsäuregärung aufzutreten pflegt. Um die Biertreber vor der raschen Zersetzung zu bewahren und sie transportfähig zu machen, ist es am besten, sie zu trocknen, und zwar mittels besonders konstruierter Trockentreberapparate. Ihre Zusammensetzung beträgt:

Wasser	11,0 %
Rohprotein	21,5 %
Rohfett	6,7 %
N-freie Extraktstoffe	41,0 %
Rohfaser	15,8 %
Mineralstoffe	4,0 %

Wesentlich ist, daß die Trocknung nicht bei zu hohen Temperaturen vor sich geht, weil sonst die Verdaulichkeit der Eiweißstoffe leidet. Schlechte Trocknung macht sich durch Dunkelfärbung bemerkbar. Die im Handel erhältlichen Biertreber zeigen große Schwankungen. Getrocknete Biertreber können für alle Tiergattungen verwendet werden. Kühe und Mastrinder erhalten 2—3 kg, Mastschafe bis 0,5 kg je Tier und Tag, am besten angefeuchtet in Mischung mit Häcksel. Beim Schwein werden die getrockneten Biertreber schlecht verdaut. Bei Pferden läßt sich die Hälfte des Körnerfutters durch Trockentreber ersetzen. Sie riechen normalerweise nach Brot und dürfen auf keinen Fall den

Geruch von Schimmel oder Säure aufweisen, ebenso keinen Milbenbesatz zeigen. Die Farbe muß hell sein, die Ware darf nur wenig Spelzen enthalten. Beim Einkauf muß eine Garantie für Protein- und Fettgehalt angestrebt werden, bei deutschen Trebern mindestens 20 % Rohprotein, bei amerikanischen 24 % Rohprotein und 4 % Fett; denn die amerikanischen Treber sind meist eiweißreicher und enthalten etwa 25 % Rohprotein und 7 % Fett. Vielfach zeigen die getrockneten Biertreber Verunreinigungen, wie Unkrautsamen, hohen Sandgehalt, Getreide- und Malzausputz, Spreu, Viehsalz, Malzkeime usw., auch Schalenbestandteile. Manchmal wird Brennereitreber als Biertreber bezeichnet und gute Ware mit schlechter vermengt.

Biertrebermelasse ist ein Produkt von 40—50 % getrockneten Biertrebern und 50—60 % Melasse, das ebenfalls mit Torfmehl, Spreu, Getreideausputz und verdorbenen Biertrebern verfälscht wird. Biertrebermelasse ist eine gutes Futtermittel für Pferde, die 3 kg je Tier und Tag davon erhalten.

Hefe. Nach den Ausführungsbestimmungen zum Futtermittelgesetz ist Hefe oder Futterhefe die bei der Bier- oder Brenngärung gewonnene, als Anstellhefe nicht mehr verwendbare Hefe, die entweder in frischem, nassem Zustand nach vorherigem Kochen oder besser als Trockengut Futterzwecken dient. Nach der Vergärung der Bierwürze scheidet sich die Hefe am Boden des Gärbottichs in drei Schichten ab; die unterste besteht aus toten Hefezellen und aus Trubbestandteilen, die mittlere größte Schicht bildet die Kernhefe, die oberste Schicht besteht aus leichten Zellen, wilden Hefen, Hopfenharzen. Die oberste und unterste Schicht wird verworfen, die Kernhefe nach dem Pressen gewaschen und in stark gekühltem Wasser aufbewahrt. Da bei der Gärung stets mehr an Hefe gewonnen wird, als zum Anstellen neuer Hefe erforderlich ist, wird die überschüssige Hefe unter anderem als Nahrungs- oder Futtermittel verwertet. Wegen ihres hohen Wassergehaltes ist jedoch die frische Brauereihefe nur begrenzt verwendungsfähig; am besten wird sie an Ort und Stelle frisch verfüttert, wobei sie, um schädliche Gärungserscheinungen im tierischen Organismus zu verhüten, vor der Verabreichung an die Tiere abgekocht werden muß. Die Zusammensetzung frischer Bierhefe ist:

Wasser	85,7 %
Rohprotein	6,9 %
Rohfett	0,2 %
N-freie Extraktstoffe	5,9 %
Rohfaser	0,4 %
Mineralstoffe	0,9 %

Durch das Aufkochen wird auch der bittere Geschmack der frischen Brauereihefe vermindert, an den sich die Tiere zuerst gewöhnen müssen. Man gibt an Rindvieh 10—20 kg je Tier und Tag, an Schweine je nach Gewicht 1,5—6 kg. Vorteilhafterweise wird die frische Bierhefe auf mit Dampf geheizten, rotierenden Walzenapparaten getrocknet. Dabei bildet sich eine feinblättrige Masse von brotartigem Geruch und leicht bitterem, würzigem Geschmack von folgender Zusammensetzung:

Rohprotein	43—55 %
Rohfett	2— 3 %
N-freie Extraktstoffe	25—35 %
Rohfaser	0,4—1,7%
Mineralstoffe	6— 8 %
Wasser	8—12 %

Getrocknete Bierhefe ist somit ein sehr eiweißreiches Produkt, wozu noch kommt, daß sie reich an Vitaminen (besonders Vitamin B_1 und B_2), Lecithinen und Nukleoproteiden ist und 3—6 % Phosphorsäure in organischer und anorganischer Bindung enthält. Getrocknete Bierhefe ist hochverdaulich. H. Fink[1] hat gezeigt, daß das Eiweiß der Hefe nicht vollwertig ist; dem Hefeeiweiß, wenigstens dem Bierhefeeiweiß, fehlt eine lebenswichtige Aminosäure, nämlich das Methionin (bzw. Cystin). Wird diese Aminosäure in einer Menge von 2 % dem Hefeeiweiß zugeführt, so wird dieses dem Milcheiweiß biologisch gleichwertig, das gewöhnlich als vollwertig angenommen wird; allerdings wurde nur

1) H. Fink, Wochenschr. f. Brauerei 1—9 v. 26. Febr. 1944.

bei Bierhefe durch Cystinzusatz Vollwertigkeit erzielt, nicht aber bei auf Holzzucker gezüchteten Torulahefen. Einseitig mit Hefeeiweiß aufgezogene Tiere (weiße Ratten) zeigten, wie Fink berichtet, neben anderen Organveränderungen eine ganz spezifische Form des Leberzerfalls, wie er ähnlich bei der Eklampsie der graviden Frau beobachtet worden ist. Bei den mit Hefeeiweiß und 2 % Cystin aufgezogenen Tieren waren diese Organveränderungen nicht zu beobachten. Durch Zufügung von Keratinhydrolysaten könnte somit die Brauereihefe hinsichtlich des Eiweißes biologisch vollwertig gemacht werden. Ein anderer Weg wäre, eine mit biologisch vollwertigem Eiweiß ausgestattete Hefe zu züchten. Fink beurteilt das Hefeeiweiß im übrigen als höchstkonzentriertes, hochverdauliches Pflanzeneiweiß, das in diesen Eigenschaften von keinem anderen pflanzlichen Eiweiß übertroffen wird. Getrocknete Bierhefe ist daher als Ergänzungsfuttermittel zur besseren Verwertung eiweißarmer Futtermittel bei Schweinen, Geflügel und Wiederkäuern bestens brauchbar. An Schweine gibt man täglich je Kopf 150—600 g Trockenhefe, vorteilhafterweise angebrüht mit Gerstenschrot und gekochten Kartoffeln. Milchkühe erhalten 1—2 kg, Pferde 0,5—1 kg je Kopf und Tag, wobei der Hafer weitestgehend durch Hefe ersetzt werden kann. Beim Einkauf der Hefe ist der Gehalt an Eiweiß und Fett zu garantieren (50 % Eiweiß). Trockenhefe mit zu dunkler Farbe beweist, daß die Hefe beim Trocknen nicht mehr ganz frisch war. Trockenhefe erhöht die Freßlust der Tiere. Die Hefen enthalten Ergosterin, das durch Bestrahlung mit ultraviolettem Licht in Vitamin D_2 übergeht, weshalb heute vielfach bestrahlte Hefe an Schweine und an Geflügel verfüttert wird.

Getrocknete Heferückstände kommen als Nebenprodukte verschiedener Nahrungsmittelindustrien in den Handel; ihre Zusammensetzung ist ähnlich derjenigen der ursprünglichen Trockenhefe, nur weist sie einen gewissen Kochsalzgehalt auf; im übrigen ist extrahierte Hefe als solche im Handel zu bezeichnen.

Trub. Nach den einschlägigen Bestimmungen versteht man unter Trub jene Eiweißstoffe, die beim Kochen und Kühlen der Bierwürze ausgefällt werden.

Faßgeläger sind die bei der Nachgärung und Lagerung im Bier noch zur Abscheidung gelangenden Bestandteile, hauptsächlich Hefe, Eiweiß und Hopfenharze. Sie werden in der Trubpresse ausgepreßt und getrocknet.

Hopfentreber sind die im Hopfenseiher verbleibenden Treber, die die im Kochprozeß ungelöst bleibenden Bestandteile des Hopfens neben geringen Mengen Eiweißstoffen, die beim Kochen ausgeschieden werden, enthalten. Hopfentreber entsprechen etwa einem mittleren Wiesenheu. Der bittere Geschmack bewirkt, daß die Tiere nur kleine Mengen davon fressen.

Hefemischfuttermittel. Vielfach wird frische Bierhefe zur Vereinfachung des Trocknens vorher mit anderen Futtermitteln vermischt und nach erfolgter Trocknung gemahlen in den Handel gebracht. Gute Hefemischfuttermittel sind Strohhäckselhefe (62 % Strohhäcksel, 38 % Trockenhefe), Hefebiertreber (70—75 % Biertreber, 25—30 % Hefe) und Hefebrote (Hefe mit Trockenkartoffeln oder Malzabfällen).

5. Rückstände der Brennerei

Schlempe. Die Schlempe ist der in den Spiritusbrennereien bei der Destillation der vergorenen Maische verbleibende Rückstand. Nach Art der für die Spritgewinnung verwendeten Rohstoffe unterscheidet man Kartoffel-, Roggen-, Weizen- und Maisschlempe. Die Schlempe enthält die Nährstoffe der verarbeiteten Rohstoffe mit alleiniger Ausnahme des in Alkohol umgesetzten Kohlenhydrats. Die Schlempen sind sehr wasserreiche Substanzen, die 92 bis 96 % H_2O enthalten, weshalb bei ihrer Verfütterung gesorgt werden muß, daß sie in frischem, noch warmem Zustand verabreicht werden und daß das normale Wasserbedürfnis der Tiere nicht überschritten wird. Wegen des hohen Wassergehaltes vergären die Schlempen sehr leicht und müssen deshalb entweder sofort an Ort und Stelle verfüttert oder getrocknet werden. Schlecht geworbenes Rauhfutter wird durch Überbrühen mit heißer Schlempe schmackhaft gemacht. Abgekühlte Schlempe muß vor der Verabreichung aufs neue erhitzt und möglichst warm in die Futterkrippen gebracht werden. Die mit der Schlempe in Berührung kommenden Gefäße und Krippen müssen peinlichst rein gehalten werden. Bei Schlempefütterung sind keine zusätzlichen Kochsalzgaben nötig; Zumischung von Schlämmkreide darf erst in der Krippe erfolgen, da durch Neutralisation der Schlempe diese besonders leicht verdirbt. Gleichzeitige Verfütterung von Sauerfutter, Rübenblättern und Kartoffeln ist zu vermeiden. Nachträglicher Wasserzusatz zur Schlempe ist unnötig und schädlich. Von der Kartoffelschlempe wird an Mastochsen bis zu 60, an Milchkühe und Zugochsen bis zu 40 Liter gegeben, Mastschafe und Mastschweine erhalten nur 2—3 Liter je Tier und Tag; mäßig arbeitende Pferde 10—15 Liter. Dagegen gibt man an stark arbeitende Pferde, Zuchttiere, säugende Tiere und Jungvieh am besten keine Schlempe. In größeren Gaben erzeugt die Kartoffelschlempe, ähnlich wie die rohen Kartoffeln, Verkalben, Durchfall und Kolik, ferner den Schlempehusten und die Schlempemauke.

Mastschlempen enthalten besonders hohe Nährstoffmengen. Sie werden unter Verzicht auf hohe Alkoholausbeuten so hergestellt, daß die Diastase des Malzes durch hohe Maischtemperaturen absichtlich geschwächt wird, so daß nur 70—80 % der eingemaischten Stärke vergoren werden; das hat zur Folge, daß der Gehalt der Schlempe an stickstofffreien Extraktstoffen um 50—70 % erhöht wird.

Um die Schlempe haltbar zu machen, wird sie getrocknet, wobei zur Schonung der Trockenapparate behufs Neutralisation des Säuregehaltes 1—2 % $CaCO_3$ zugefügt werden.

Die Zusammensetzung der Kartoffelschlempe hängt von der Beschaffenheit der Ausgangskartoffeln und der Menge des verwendeten Malzes ab. Ihre chemische Zusammensetzung beträgt:

Wasser	92—96 %
Rohprotein	1,3—1,4 %
Rohfett	0,04—0,1 %
N-freie Extraktstoffe	2,6—3,2 %
Rohfaser	0,4—0,6 %
Mineralstoffe	0,7—0,9 %

Kartoffelschlempe wird meist an Ort und Stelle in frischem Zustand verfüttert, und getrocknete Kartoffelschlempe kommt kaum in den Handel. Am besten wird die Kartoffelschlempe verwertet, wenn sie mit Heu und leichtlöslichen Kohlenhydraten verfüttert wird.

Der Futterwert der *Maisschlempe* ist höher als derjenige der Kartoffelschlempe. Sie enthält:

Wasser	92—94 %
Rohprotein	2,0 %
Rohfett	0,9 %
N-freie Extraktstoffe	4,3 %
Rohfaser	0,7 %
Mineralstoffe	0,5 %

Unter den getrockneten Maisschlempen unterscheidet man die schalenreiche dunkle ungarische oder französische Maisschlempe, die vor dem Trocknen Kreide erhält; ferner die hellere und wertvollere amerikanische Maisschlempe, die meist aus geschältem Mais gewonnen wird, Haferspelzen enthält und fast immer mit Roggenschlempe vermischt wird. Die getrockneten Maisschlempen enthalten etwa 8 % Wasser und bei dunklen Schlempen werden 36 %, bei hellen 40 % Protein und Fett garantiert. Milchkühe erhalten 2—4 kg, Mastvieh 4—6 kg je Tag und 1000 kg Lebendgewicht, Pferde 2½—3½ kg je Tag und Tier als Hafereratz. Getrocknete Maisschlempe wird mit Getreideausputz, Reisspelzen, zerkleinerten Maisstengeln und Schalen verschiedenster Herkunft verfälscht.

Roggenschlempe wird bei der Herstellung von Kornbranntwein aus Roggen gewonnen und hat folgende Zusammensetzung:

Wasser	93,20 %
Rohprotein	1,66 %
Rohfett	0,34 %
Rohfaser	1,07 %
N-freie Extraktstoffe	3,38 %
Mineralstoffe	0,35 %

Die frische *Roggenschlempe* wird in gleicher Weise wie die Kartoffelschlempe verfüttert, nur muß der etwas höhere Nährstoffgehalt berücksichtigt werden. Die erwähnten unangenehmen Folgeerscheinungen der Kartoffelschlempefütterung treten bei den Getreideschlempen in geringerem Grade, die Mauke überhaupt nicht auf. Unter den getrockneten Roggenschlempen unterscheidet man solche amerikanischen Ursprungs und solche mit Gerstenmalzzusatz.

Weizen wird auch in normalen Zeiten nur wenig auf Alkohol verarbeitet. Weizenschlempe ist ähnlich wie die Roggenschlempe zusammengesetzt, enthält aber mehr Eiweiß und Fett. Auch Dari wird in Brennereien verarbeitet, wobei eine Schlempe resultiert, die von den Tieren gern gefressen wird und die etwa der Roggenschlempe in der Zusammensetzung entspricht.

Als *Melasseschlempe* werden die in den Melasseentzuckerungsfabriken sowie in den Melassebrennereien anfallenden Melasserückstände bezeichnet. Bei der Verfütterung von Melasseschlempe ist Vorsicht anzuwenden, und sie kann nicht als Futtermittel den übrigen Schlempen, wie Kartoffel- und Getreideschlempen, gleichgesetzt werden. Am besten wird sie nicht verfüttert, sondern auf Schlempekohle, Pottasche und Cyanverbindungen verarbeitet oder als Düngemittel eingesetzt.

Rübenschlempe. Auch die Rüben werden als Rohmaterial für die Brennerei verwendet und bei ihrer Verarbeitung fällt die Rübenschlempe an, deren Nährwert der Kartoffelschlempe nachsteht, die aber von den Tieren gern genommen wird. In ausländischen Rübenbrennereien wird vielfach nur der Rübensaft vergoren, der durch Auslaugen von Rübenschnitzeln erhalten wird. Die ausgelaugten Rübenschnitzel werden dann entweder frisch oder getrocknet verfüttert und haben etwa den gleichen Futterwert wie die Diffusionsschnitzel der Zuckerfabriken.

Topinamburschlempe. Für die Spiritusfabrikation werden zuweilen Topinamburknollen als Rohmaterial verwendet. Die Topinamburschlempe kommt etwa im Futterwert der Kartoffelschlempe nahe.

Obstschlempe. Bei der Herstellung von Obstbranntwein fallen die Obstschlempen an, deren Nährwert gering ist. Frische Steinobstschlempen verfüttert man an Schweine, frische Kernobstschlempen an Rindvieh, aber nur in kleinen Mengen als Beifutter.

Brennereitreber. Die Brennereitreber oder Hefetreber sind Rückstände der Spiritus- bzw. Preßhefebereitung, und zwar die ungelösten festen Substanzen, die beim Abläutern der Maische zurückbleiben. Die nassen Treber müssen sofort frisch, aber abgekühlt verfüttert werden; denn sie zersetzen sich sehr leicht und erzeugen in warmem Zustand durch Lähmung der Magenwände schwere Verdauungsstörungen. Am besten werden die Frischtreber durch Trocknung in Trockentreber übergeführt. Die chemische Zusammensetzung getrockneter Brennereitreber beträgt:

Wasser	6— 8 %
Rohprotein	18—26 %
Rohfett	8—12 %
N-freie Extraktstoffe	38—48 %
Rohfaser	12—20 %
Mineralstoffe	2— 4 %

Die schwankende Zusammensetzung ist damit zu erklären, daß die Trockentreber je nach den Ausgangsstoffen die Rückstände verschiedener Getreidearten oder nur ausgelaugte Malzkeime aufweisen. Verfüttert werden die Brennereitreber genau so wie die Biertreber.

6. Rückstände der Wein- und Obstweinbereitung

Bei der Weinbereitung scheiden sich nach der Vergärung des Traubensaftes in den Fässern Gemische von Hefe, Weinstein und weinsaurem Calcium aus. Die frische, sehr zersetzliche Weinhefe wird meist getrocknet. Frische wie getrocknete Weinhefe wird an Schweine und Milchkühe verfüttert, wobei die frische Hefe zuvor aufgekocht und das Kochwasser abgegossen wird. Schweine erhalten von der frischen Weinhefe 200 g bis 1 kg, Milchkühe $1^1/_2$—2 kg je Tier und Tag.

Manchmal enthalten die Weinhefen Arsen und Blei, die von den arsen- und bleihaltigen Schädlingsbekämpfungsmitteln auf den Trauben stammen. Selbstverständlich dürfen solche Hefen nicht verfüttert werden.

Weintrester. Beim Abpressen der Weintrauben fallen Rückstände an, die als Weintrester bezeichnet werden. Da man meist die schwerverdaulichen Kämme vorher entfernt, bestehen sie im wesentlichen aus den Schalen, Kernen und Fruchtfleischresten. Die Verfütterung der Trester erfolgt so, daß sie entweder direkt in unverändertem Zustande den Tieren als Nahrung dienen oder daß sie zunächst vergoren werden und erst dann die Verabreichung erfolgt, wobei das letztere Verfahren den Vorteil hat, daß dann die Rückstände alkoholfrei sind. Vielfach werden die Weintrester getrocknet. Ihr Nährwert ist somit nur gering. Am besten werden sowohl die nassen wie auch die getrockneten Trester vor ihrer Anwendung gedämpft oder mit heißem Wasser angebrüht bzw. mit Häcksel vermengt. Stark alkohol- und essigsäurehaltige bzw. weinsäurehaltige Trester dürfen ebensowenig wie angeschimmelte verfüttert werden, da sonst Laxieren und andere Krankheiten auftreten können. Ebenso muß vor der Verwendung arsen- und bleihaltiger Trester gewarnt werden.

Trestermehle. Werden die Kerne aus den Weintrestern behufs Ölgewinnung entfernt und die zurückbleibenden Schalen und Kämme gemahlen, so erhält man das sogenannte Trestermehl, dessen Futterwert sehr gering ist. Werden die extrahierten Kerne gemahlen, so ergeben sie das Traubenkernkuchenmehl, das für sich allein oder gemeinsam mit Trestermehl verfüttert wird. Traubenkämme und Traubenstiele sind praktisch als Futtermittel wertlos; sie werden am besten aus den Trestern entfernt. Die nichtextrahierten, gemahlenen Traubenkerne bewirken wegen ihres hohen Rohfasergehaltes nur eine geringe Fettausnutzung und kommen höchsten als Nebenfutter für Schafe und Geflügel in Frage.

Apfeltrester. Bei der Apfelsaft- und Apfelweinbereitung fallen die Apfeltrester an, und zwar durch Auspressung des Apfelsaftes aus den zerkleinerten Äpfeln. Sie werden als Beifutter an Milchtiere und Schafe verwendet und regen wegen ihres aromatisch-säuerlichen Geschmackes den Appetit der Tiere an. Wiederum muß vor Verfütterung schimmeliger oder in Gärung begriffener Ware gewarnt werden. Am besten werden die Apfeltrester getrocknet; in dieser Form sind sie in Gaben von 1—3 kg an Milchvieh bzw. 1/2 kg an Schafe zu verfüttern. Auch Birnentrester oder sogenannte Obsttrester (Gemische von Apfel- und Birnentrester) werden frisch und getrocknet in ähnlicher Weise wie Apfeltrester verwendet.

7. Rückstände der Zuckerindustrie

Rübenschnitzel. Ausgelaugte Schnitzel oder *Diffusionsschnitzel* werden bei der Auslaugung der Rüben nach dem Diffusionsverfahren gewonnen. Die gewaschenen Rüben werden in der Schnitzelmaschine zerkleinert und dann in die Diffuseure gebracht, eiserne Kessel mit Siebböden, auf welche die Schnitzel gelegt werden. Der Diffusionsprozeß wird so durchgeführt, daß zwischen dem Zuckergehalt der Schnitzel und dem des Saftes ein Konzentrationsgefälle herrscht und eine möglichst erschöpfende Auslaugung der Schnitzel vor sich geht. Dies wird so ermöglicht, daß die frischen Schnitzel jeweils mit dem konzentriertesten Saft, die am stärksten ausgelaugten Schnitzel mit frischem Wasser in Berührung kommen. Die Auslaugung wird bis 0,2—0,3% Zucker in den Schnitzeln getrieben. Der Wassergehalt der frischen ausgelaugten Schnitzel ist sehr hoch, nämlich 93 bis 97%, weshalb sie in der Zuckerfabrik in Schnitzelpressen von einem Teil ihres Wassers befreit und auf etwa 15% Trockensubstanz gebracht werden. In dieser Form werden sie als frische ausgelaugte oder frische Diffusionsschnitzel verfüttert. Infolge ihres noch immer sehr hohen Wassergehaltes sind sie nicht haltbar. Die Zusammensetzung der ursprünglichen und abgepreßten ausgelaugten Schnitzel beträgt:

	Frische Schnitzel %	Abgepreßte Schnitzel %
Trockensubstanz	6,90	12,69
Rohprotein	0,66	1,31
Rohfett	0,01	0,07
Zuckergehalt	0,20	0,30
Andere N-freie Extraktstoffe	4,62	8,25
Rohfaser	1,11	2,20
Mineralstoffe	0,30	0,62

Um die ausgelaugten Schnitzel haltbar zu machen, werden sie entweder eingesäuert oder besser getrocknet. Die Trocknung erfolgt auf Drehtrommeln, die mit Feuerungsabgasen beheizt werden, oder mit Dampf. Die dampfgetrockneten Schnitzel haben meist eine hellere Farbe als die feuergetrockneten. Außer Rohfaser, Pektinsubstanzen, Aminosäuren und anderen organischen Nichtzuckerstoffen sowie anorganischen Verbindungen enthalten sie Zucker. Sie zeigen eine weißliche bis gelblich-graue Farbe und quellen mit Wasser auf, wobei sie etwa das Fünffache ihres Gewichts an Wasser aufsaugen können. Ihre Zusammensetzung ist:

Trockensubstanz	86,61 %
Rohprotein	8,00 %
Rohfett	0,14 %
Zucker	2,10 %
Andere N-freie Extraktstoffe	59,39 %
Rohfaser	13,56 %
Stärkewert	69,12 kg
Mineralstoffe	3,42 %

Den *Trockenschnitzeln* wird vor oder nach dem Trocknen manchmal Melasse zugesetzt; im ersten Fall spricht man von Melasseschnitzeln, im zweiten von melassierten Schnitzeln.

Von den frischen Diffusionsschnitzeln gibt man an Milchkühe je 1000 kg Lebendgewicht höchstens 40 kg; an Mastochsen 60 bis 80 kg je Tag. Höhere Gaben erzeugen leicht eine harte, weiße

Butter von schlechtem Geschmack. Arbeitsochsen erhalten 30 kg, Mastschafe und Mastschweine bis zu 60 kg nasse Schnitzel je 1000 kg Lebendgewicht. Für Arbeitspferde sind sie nicht geeignet, ruhende oder wenig arbeitende Pferde können geringe Mengen bekommen, ebenso tragende Tiere und Jungvieh. Besonders an diese dürfen nur ganz frische Schnitzel verabreicht werden, da in Zersetzung übergegangene leicht Verdauungsstörungen und andere Krankheitssymptome erzeugen, die als „Schnitzelkrankheit" bezeichnet werden. Von den getrockneten Schnitzeln, die meist keine nachteiligen Folgen bei der Verfütterung bewirken, gibt man an Kühe 3—4½ kg, an Mastrinder 5—7½ kg, an Zugochsen 4—6 kg, an Kälber 0,5—2 kg, an Schweine 0,75—1,5 kg je Tier und Tag. Die getrockneten Diffusionsschnitzel muß man in heißem Wasser, in Schlempe oder verdünnter Melasse aufquellen, für Schweine auch in Molken oder Magermilch. Wegen der geringen Mengen Kalk und Phosphorsäure, die in den Schnitzeln vorhanden sind, muß für entsprechende anderweitige Zufuhr dieser Mineralstoffe gesorgt werden.

Melasseschnitzel und *melassierte Schnitzel* haben einen Zuckergehalt von 20—25 % und sind ebensogut haltbar wie Trockenschnitzel.

Steffenschnitzel. Die Steffenschnitzel werden bei der Saftgewinnung nach dem Brühverfahren von Steffen gewonnen. Bei diesem Verfahren werden absichtlich nur 75 % des Zuckers der Rübe gewonnen, um zuckerreiche Schnitzel zu erhalten. Die Rübenschnitzel werden mit Rohsaft bzw. Säften minderer Reinheit gebrüht und abgepreßt. Diese abgepreßten Schnitzel enthalten bei 30 % Trockensubstanz etwa 9 % Zucker. Eine Einsäuerung kommt bei ihnen naturgemäß nicht in Betracht, weil dabei der Zucker völlig zersetzt würde, sondern nur eine Trocknung, wobei Produkte mit über 30 % Zucker erhalten werden. Ihre Zusammensetzung ist:

Wasser	8,9 %	
Rohprotein	7,0 %	
Rohfett	0,4 %	
N-freie Extraktstoffe	67,9 %	(37 % Zucker)
Rohfaser	11,7 %	
Mineralstoffe	4,1 %	

Von diesen S t e f f e n - Schnitzeln, die man auch Zuckerschnitzel nennt, gibt man Kühen 3—4 kg, Mastrindern 5—6 kg, Zugochsen 4—5 kg, Pferden 2—3 kg, Mastschweinen 1,5—2 kg.

Rübenheu. Werden Zuckerrübenblätter und Zuckerrübenköpfe mit ausgelaugten Zuckerrübenschnitzeln zusammen getrocknet, so erhält man Trockenschnitzel-Trockenblätter oder Rübenheu.

Vollwertige Zuckerrübenschnitzel oder vollwertiges Zuckerrübenschrot sind zerkleinerte, getrocknete, unausgelaugte Zuckerrüben mit einem Wassergehalt von höchstens 14 %. Besonders die Tiere mit enzymatischer Verdauung verwerten dieses Produkt ausgezeichnet, während bei den Tieren mit bakterieller Verdauung die Ausnutzung infolge Gärungsverlusten nicht so gut ist. Vor allem in der Schweinemast und Pferdefütterung wird daher das vollwertige Zuckerrübenschrot immer mehr verwendet. Man gibt an Mastschweine 1,5—2 kg, an Pferde 2—3 kg. Vor der Verfütterung muß man sie in warmem Wasser aufquellen, um schädliche Wirkungen der sonst erst im Magen der Tiere stark aufquellenden vollwertigen Futterschnitzel zu vermeiden. Diese Substanzen werden heute nicht hergestellt, sie wurden aber in Notzeiten viel erzeugt und verfüttert.

Futterzucker. Die Nachprodukte der Zuckerindustrie können als Futterzucker benutzt werden. Aus steuertechnischen Gründen müssen diese Substanzen für den menschlichen Genuß unbrauchbar gemacht, denaturiert werden, was durch Zusatz von Kleie, Kohlenstaub, Ölkuchenmehl, Oktoacetylcellulose und ähnlichen Stoffen durchgeführt wird. Für Pferde und Schweine kann solcher Futterzucker verwendet werden. Es hat sich aber als vorteilhafter herausgestellt, für Zwecke der tierischen Ernährung lieber den Zucker in Form des vollwertigen Zuckerrübenschrotes einzusetzen, als ihn vorher fabrikatorisch zu isolieren.

Melasse. Als Zuckerrübenmelasse wird das sirupartige Enderzeugnis der Rübenzuckerfabrikation oder der Zuckerraffinerie benannt, aus welchem Produkt durch Kristallisation kein Zucker mehr gewonnen werden kann. Die Rübenzuckermelasse fällt in einer Menge von 2,2—2,6 % des Rübengewichtes an, wozu noch die Melasse der Raffinerien kommt, in Summe 3—3,2 %. Ihre Farbe ist schwarzbraun, ihr Geruch und Geschmack unangenehm. Sie enthält etwa 30 % Saccharose, 30 % Milchzucker und 20 % Wasser. Neben der Saccharose sind noch etwa 1—2 % Raffinose und etwas Invertzucker enthalten; der Stickstoffgehalt beträgt 2 % und die Stickstoffsubstanzen bestehen hauptsächlich aus Betain, Leucin, Isoleucin, Tyrosin, Asparagin- und Glutaminsäure. An Mineralsubstanzen sind etwa 10 % anwesend, davon die Hälfte Kaliumsalze, ferner Natriumverbindungen (7—10 % der Asche), geringe Mengen von Ca, Mg, Al, Fe, Phosphorsäure, schwefeliger Säure, die aus dem Saturationsprozeß stammt, Nitrate und Ammonsalze. Nach der Herkunft unterscheidet man bei den Rübenzuckermelassen Rohzucker-, Weißzucker- und Raffineriemelassen, wobei in der chemischen Zusammensetzung dieser drei Melassearten aber nur geringe Unterschiede bestehen. Normalerweise reagiert die Melasse alkalisch, bei saurer Reaktion würde die Saccharose invertiert werden. Die bei der Fabrikation anfallende Melasse hat 15—17 % H_2O; sie ist so zähflüssig, daß ihre Behandlung schwierig ist, weshalb etwas Wasser zugesetzt wird, und zwar durch Einführung von direktem Dampf; ihr Wassergehalt steigt dann auf 20—23 %. Zu verdünnte Melasse ist schlecht haltbar und wird mit der Zeit sauer. Vor der Verfütterung muß man so viel heißes Wasser zugeben, daß sie mit den übrigen Bestandteilen des Futters mischbar ist. Auf 1000 kg Lebendgewicht bezogen, gibt man von der Melasse an Milchkühe 2½ kg, an Zugochsen 3—4 kg, an Mastrinder 4 kg, an Pferde 3 kg, an Mastschafe 4 kg, an Mastschweine 5 kg. An hochtragende Tiere gibt man keine Melasse, da diese Tiere sonst leicht verkalben. Ferner darf Melasse nicht zu Grünfutter, Schlempe und sauren Schnitzeln verfüttert werden. Wegen des unangenehmen Arbeitens mit flüssiger Melasse werden Gemische derselben mit trockenen Futtermitteln, sogenannten Melasseträgern, fabrikmäßig hergestellt.

Die Melasse hat sich als Vorbeugungsmittel gegen die Kolik der Pferde und auch als Heilmittel bei dieser Erkrankung ausgezeichnet bewährt. Ihre laxierende Wirkung ist auf den hohen Gehalt an Alkalien zurückzuführen. Bei der Verfütterung der Melasse ist zu beachten, daß sie fast kein Calcium und keine Phosphorsäure enthält.

Melassemischfuttermittel. Neben den Melasseschnitzeln und den melassierten Schnitzeln gibt es eine Fülle anderer Melassemischfuttermittel. Am ehesten können hinsichtlich ihres Nährwertes jene beurteilt werden, die neben der Melasse nur ein einziges Futtermittel enthalten und deren Melasseträger gleichzeitig einen Nährwert besitzt. Dazu gehören die Bier- bzw. Brennereitrebermelasse (50—60 % Melasse), die Palmkernmelasse (60—70 % Melasse), die Maiskeimmelasse (60 % Melasse), die Kokosnußmelasse (60 % Melasse), die Weizenkleiemelasse (50 % Melasse), die Getreideschlempemelasse (50 % Melasse) und die Malzkeimmelasse. Soweit es sich um Abfälle der Ölfabrikation handelt, sind die entfetteten Mehle geeigneter als die fettreichen Ölkuchenmehle. Die Melassenbrote sind ein Gemisch von Futtermehlen, Kleie und Melasse, die Strohmelasse Gemische von Melasse mit Haferstroh. Zu beanstanden ist aber, wenn als Melasseträger völlig wertlose Substanzen Verwendung finden, wie Torf, Reisspelzen, Haferspelzen usw. Auch zwei Melasseträger in einem Gemisch sind unstatthaft, weil dann eine Kontrolle schwierig ist. Nur wenn ein einziger Melasseträger anwesend ist und das Mengenverhältnis zwischen ihm und der Melasse angegeben wird, kann der Nährwert beurteilt werden. Bei Melassemischfuttermitteln muß sich die Garantie auf die Natur des Melasseträgers und den prozentischen Gehalt an Wasser, Melasse, Stickstoffsubstanz und Fett erstrecken. In den gewöhnlichen Melassemischfuttermitteln darf nicht mehr als 20 % Wasser, in den Mischungen mit Torf nicht mehr als 25 % vorhanden sein; ein höherer Gehalt an Wasser bewirkt beim Lagern Zersetzungen, die den Zucker vernichten.

8. Holzzucker, Futterhefe (Eiweißschlempeverfahren)

Durch Hydrolyse mit Säuren kann Cellulose[1] und damit Holz in Glukose übergeführt werden. Man arbeitet entweder nach dem Verfahren von Bergius mit hochprozentiger (40—41 %iger) Salzsäure in der Kälte, oder nach der Methode Scholler-Tornesch, wobei zer-

1) Reine Cellulose wird heute als „Futtercellulose" besonders in der Pferdefütterung verwendet.

kleinertes Holz bzw. Holzabfälle bei 170° C mit 0,4—0,8-prozentiger Schwefelsäure mittels Druckperkolation behandelt werden. Die nach dem Verfahren von Bergius anfallende Zuckerlösung kann auf Futterzucker verarbeitet werden, wird aber meist (beim Verfahren Scholler immer) auf Futterhefe verarbeitet oder auf Alkohol vergoren. Aus 100 kg Holz erzeugt man gegebenenfalls auf diese Weise 50 kg *Holzzucker.*

Das Prinzip der Erzeugung von *Futterhefe* beruht darauf, daß man vor allem unter den wilden und unechten Hefen sogenannte Wuchshefen antrifft, die sich bei starker Sauerstoffzufuhr, also Belüftung, fast nur noch vermehren, somit Körpersubstanzen ansetzen und Eiweiß aufbauen, dagegen Alkohol kaum mehr bilden. Nach den Arbeiten von Fink und Mitarbeitern[1] kann die wilde Hefe Torula utilis aus 100 g Traubenzucker unter Zusatz anorganischer Nährstoffe 210 g Hefe mit 25 % Trockensubstanz und 60 % Protein bilden, wogegen nur 0,02 g Alkohol erzeugt werden. Es entsteht bei allerdings nur schlechter Energieausbeute von 65 % im Vergleich zu 86—97 % bei der alkoholischen Gärung ein Eiweißfuttermittel mit dem Nährstoffverhältnis 1 : 1,6 und hohem Vitamingehalt, besonders an Vitamin B_1 und B_2. Insbesondere fand der genannte Forscher, daß sich durch Zusatz noch anderer vergärbarer Kohlenstoffquellen zum Zucker, wie Aldehyde, Alkohole und organische Säuren, die Ausbeuten wesentlich erhöhen lassen. Er vermochte aus 100 kg vergärbarem Bergius-Holzzucker 240—280 kg Hefe von 25 % Trockensubstanz zu erhalten. Die Torulahefen haben weiter den Vorteil, daß sie völlig autotroph sind, somit auf rein anorganischen Substraten zu gedeihen vermögen und dabei auch, wie schon erwähnt, die Vitamine B_1 (allerdings in geringerem Umfang als die Bierhefe), B_2 und Nikotinsäure sowie Glutathion und Phosphorsäure in beachtlicher Menge enthalten.

Die Torulahefen vermögen weiterhin nicht nur Glukose, sondern auch Galaktose, ja sogar Pentosen und Kohlenstoffverbindungen als Kohlenstoffquellen zu benutzen, die nicht mehr zu den Kohlenhydraten gehören, wie Acetaldehyd, Essigsäure und andere. Auf diese Weise ist es möglich geworden, auch Laubholz,

---

1) H. Fink, Angew. Chem. 51, 475 (1938); Vorratspflege u. Lebensmittelforschung 1, 107 (1938).

das viel pentosanreicher ist als Nadelholz, als Ausgangsmaterial für die Futterhefeerzeugung heranzuziehen und Holzzuckerlösungen bzw. Sulfitablaugen aus Buchenholz für die Eiweißsynthese zu verwenden. Die Nadelholz-Sulfitablaugen sind wegen ihres verhältnismäßig hohen Gehaltes an vergärbaren Hexosen für die Alkoholgewinnung geeignet, die Buchenholz-Sulfitablaugen aber hierfür nicht brauchbar, da ihr Hexosengehalt gering, ihr Pentosengehalt hoch ist. Sie können aber durch Torula utilis verheft werden. Auch für die Verarbeitung des Holzzuckers sind diese neueren Forschungsergebnisse wichtig geworden, indem heute die Holzzuckerwürzen meist auf Alkohol vergoren und die anfallende Schlempe, die früher meist verworfen wurde, mit Torula verheft wird. Man kann aber auch den gesamten Kohlenhydratgehalt der Holzzuckerwürzen verhefen, wobei Fink und Lechner[1] z. B. aus 100 kg Holz-Trockensubstanz, die nach Scholler verzuckert wurde, etwa 21 kg Hefetrockensubstanz mit 12 kg Eiweiß erhielten. Arbeiteten sie über das Bergius-Verfahren, so wurden aus 100 kg Trockensubstanz etwa 31 kg Hefetrockensubstanz mit 16 kg Eiweiß gewonnen. Die Verhefung der Pentosen ist allerdings insofern sehr schwierig, als eine möglichst intensive Belüftung der gärenden Würze erforderlich ist und die Buchenholzsulfitablaugen infolge Anwesenheit gärungshemmender Stoffe auf mindestens 1,2 % reduzierenden Zucker verdünnt werden müssen. Auch bewirkt das starke Schäumen von Sulfitablaugen und Holzzuckerwürzen bei der Fabrikation einige Schwierigkeiten. Seidel und Scholler gelang es aber, für die Verhefung von Holzzuckerwürzen ein kontinuierliches Verfahren mit einem Gärautomaten zu entwickeln, und auch für die Verhefung von Sulfitablaugen wurde eine Apparatur gefunden. Lechner[2] erhielt in Dauerzüchtungsversuchen von Torula utilis auf Buchenholz-Sulfitablaugen Ausbeuten an Hefetrockensubstanz von 57—68 % bzw. Eiweißernten von 31—36 %. Allerdings ist das auf diesem Wege erzeugte Futtereiweiß noch erheblich teurer als Eiweiß aus pflanzlichen Eiweißquellen, wie z. B. in den Ölkuchen.

---

1) H. Fink u. R. Lechner, Biochem. Z. der letzten Jahre. — R. Lechner, Angew. Chem. 53, 163 (1940); Vorratspfl. u. Lebensmittelforsch. 3, 220 (1940).

2) Vgl. H. Fink u. R. Lechner, Angew. Chem. 54, 281 (1941); H. Fink, R. Lechner u. R. Illig, Vorratspfl. u. Lebensmittelforsch. 5, 100 (1942).

Eiweißschlempeverfahren (Kartoffelhefe). Bei diesem von Fink und Lechner[1] entwickelten Verfahren werden die Kartoffelmaischen der Hauptsache nach nicht auf Alkohol, sondern auf Hefesubstanz verarbeitet, und zwar so, daß man eine Wuchshefe (Torula utilis) verwendet und für kräftige Durchlüftung der Maische während der Gärung und Zusatz der nötigen Nährstoffe, besonders von anorganischem Stickstoff, Sorge trägt. Auf diese Weise ist es möglich, daß im wesentlichen nur Hefe, somit hauptsächlich Eiweiß und kein Alkohol mehr entsteht bzw. daß neben einer mittleren Hefeausbeute noch beträchtliche Alkoholmengen als Nebenprodukt anfallen, wie dies aus folgender Übersicht von Fink[2] zu entnehmen ist.

Aus 1000 kg Kartoffeln werden erhalten:

	Eiweiß-Schlempe-verfahren	Kombin. Verfahren	Brennerei-übliches Verfahren
Alkohol 100%ig (Liter)	3,9	55,0	120,4
Schlempe-Trockensubstanz (kg) .	181,1	158,2	85,5
Roheiweißgehalt der Schlempe-Trockensubstanz (%)	36,3	26,7	25,4
Roheiweiß (kg)	65,5	42,3	21,7

Mit diesem Eiweißschlempeverfahren ist es somit möglich, etwa dreimal soviel Rohprotein in Gestalt von Hefeeiweiß zu gewinnen wie bei dem bisher gebräuchlichen Brennereiverfahren. Aber auch hier ist festzustellen, daß das Kartoffelschlempeeiweiß teurer als das Eiweiß der Ölkuchen ist.

9. Futtermittel tierischen Ursprungs

Milch. Weitaus das wichtigste Futtermittel tierischer Herkunft ist die Milch und deren Aufarbeitungsprodukte. Sie kann als eine Salzlösung aufgefaßt werden, in der Kolloide und Fett in mehr oder minder fein verteiltem Zustand vorkommen. Sie ist eine weiße bis gelbliche Flüssigkeit von süßlichem Geschmack, wobei die weiße Farbe auf die emulsionsartige Verteilung der kleinen Fettkörperchen in der wässerigen Lösung der anderen Milch-

1) H. Fink u. R. Lechner, Biochemische Z. der letzten Jahre. — R. Lechner, Angew. Chem. 53, 163 (1940); Vorratspfl. u. Lebensmittelforsch. 5, 100 (1942).

2) H. Fink, Angew. Chem. 51, 475 (1938).

bestandteile zurückzuführen ist. Die schwachgelbliche Farbe beruht auf Lipochromen, fettlöslichen Farbstoffen, die zu den Karotinoiden gehören und somit Vorstufen des Vitamins A darstellen. Werden die Eiweißkörper und Fette mit schwachen Säuren (Milchsäure) ausgefällt, so erhält man die saure Molke, bei der Labgerinnung durch das Labferment oder Chymosin die süße Molke. Die Molke enthält Lyochrome, wasserlösliche Farbstoffe, vor allem die Laktoflavinphosphorsäure, das Vitamin B_2. Der wichtigste Eiweißbestandteil der Milch ist das Casein, das zu den Phosphoproteiden gehört und an Kationen gebunden ist, vor allem an Calciumionen. Durch Säuren wird das Casein ausgeflockt, weil dadurch das Calcium entzogen wird und das freie Casein unlöslich ist. Bei der Labgerinnung wird das Casein in das Paracasein verwandelt. Das Paracasein vereinigt sich mit den Calciumionen der Milch zu unlöslichem Calciumparacasein und fällt als Gerinnsel aus, wobei auch das Fett der Milch in sehr feiner Verteilung eingeschlossen wird. Die Milch enthält neben Casein noch das Lactalbumin und Lactoglobulin, die allerdings in der Kuhmilch mengenmäßig sehr zurücktreten. Der Gehalt der Kuhmilchmolke beträgt etwa 0,5 % an Lactalbumin, der Gehalt an Lactoglobulin nur 0,1 % des gesamten Milcheiweißes. In der Milch der Wiederkäuer überwiegt somit das Casein (Caseinmilchen), während andere Milcharten viel Albumin und Globulin aufweisen, die sogenannten Albuminmilchen. Während diese Albuminmilchen beim Kochen gerinnen, ist dies bei der Kuhmilch nicht der Fall, da das Casein durch Erhitzen nicht gerinnt. Die sich beim Kochen frischer Kuhmilch bildende Milchhaut setzt sich aus Albumin und Calciumkarbonat zusammen. Jede Tierart hat in ihrem Säuglingsalter Bedarf nach ihrem speziellen Milcheiweiß, und artfremdes kann zwar als Nahrung dienen, ist aber dem arteigenen nicht vergleichbar. Das Milchfett, das in der Kuhmilch in einer Menge von 2,2—5 %, im Durchschnitt 3,5 % vorkommt, besteht aus den Glycerinestern niederer flüchtiger Fettsäuren (Buttersäure, Capron- und Caprinsäure) und aus den Glycerinestern der höheren Fettsäuren (Öl-, Palmitin-, Myristin- und Stearinsäure). An Lipoiden kommen in der Kuhmilch Phosphatide (Lecithine) und Cholesterine vor.

Das Kohlenhydrat der Milch ist der Milchzucker, der in den Milchdrüsen aus der Glukose entsteht; die Kuhmilch enthält 4—6 % davon. An Säuren organischer Natur findet sich die Citronensäure bei der Kuhmilch im Mittel in einer Menge von 2,5 g je Liter vor. An Enzymen sind Hydrolasen, Oxydasen und

Katalasen vorhanden, ferner Peroxydasen, die beim Kochen der Milch zerstört werden und daher zur Unterscheidung roher von gekochter Milch dienen können. An Vitaminen finden sich Vitamin A (im Herbst in größter Menge) vor, ferner Vitamin D (besonders bei sonnigem Weidegang der Milchtiere) und Vitamin E, bzw. von den wasserlöslichen B_1, B_2 und C. Der Aschenrückstand beträgt bei den Caseinmilchen 0,7—1,2 %, bei den Albuminmilchen nur 0,2—0,5 %. Unter den Milchsalzen überwiegen die anorganischen Phosphate, vor allem Calciumphosphat, daneben auch Kaliumphosphat; relativ hoch ist auch der Gehalt an Natriumchlorid und Citraten. Es ist auffallend, daß die Menge der einzelnen Salze bei den verschiedenen Milcharten sehr verschieden und die Zusammensetzung der Milchaschen bei schnell wachsenden Tieren der Zusammensetzung der Mineralstoffe der Jungen dieser Tiere sehr ähnlich ist. Die Salze der organischen Säuren sind in der Asche als Karbonate vorhanden; bei der Oxydation der organischen Bestandteile wird der Schwefel in Sulfat, der Phosphor in Phosphat verwandelt. Vollzieht sich das Wachstum des Säuglings schnell, so ist die jeweilige Muttermilch reich an Eiweiß und Calciumphosphat, geht es langsam vor sich, so überwiegen vor allem die Alkalichloride. Normale Milch der Wiederkäuer reagiert amphoter, die pH-Zahl der Kuhmilch liegt bei 6,3—6,6. Dagegen zeigt die Milch der Einhufer, ebenso wie die Frauenmilch, schwach alkalische Reaktion. Die Reaktion wird vom Gehalt der Milch an primären und sekundären Phosphaten bedingt; überwiegen jene, so ist die Reaktion sauer, herrschen diese vor, so ist sie alkalisch.

Kolostralmilch (Biestmilch). Die Kolostralmilch wird in den ersten Tagen nach der Geburt von der Milchdrüse gebildet. Sie ist von gelber bis rotbräunlicher Farbe, zähflüssig, reagiert meist sauer und gerinnt beim Kochen wegen ihres Reichtums an Lactalbumin und Lactoglobulin zu einem festen Kuchen. Wesentlich für die Kolostralmilch ist, daß sie viele Leukocyten und Kolostrumkörperchen enthält, kugelige Zellen mit viel Fetttröpfchen. Die Kolostralmilch hat einen viel höheren Trockensubstanzgehalt als normale Milch, ihr Fett ist verschieden, der Gehalt an Milchzucker unter dem der Frischmilch, der Gehalt an Lecithin und Cholesterin, an Mineralsubstanzen und besonders Jod höher. Die Kolostralmilch wird während 4—5

Tagen nach der Geburt abgeschieden und nach etwa 10—14 Tagen vollzieht sich der Übergang zur normalen Milch. Infolge ihres hohen Magnesiumgehaltes wirkt sie stark abführend und trägt zur Entfernung des sogenannten Darmpechs bei, eines zähen Darminhaltes, der sich während des intrauterinen Lebens angesammelt hat. Die Zusammensetzung der Kolostralmilch ist bei der Kuh:

Wasser	74,67 %
Casein	4,04 %
Albumin + Globulin	13,60 %
Fett	3,60 %
Milchzucker	2,67 %
Asche	1,56 %

Die Milch ist das Hauptnahrungsmittel der jungen Tiere während der ersten Lebenszeit; vor allem auch die Kolostralmilch hat ihre besonderen ernährungsphysiologischen Eigenschaften und darf dem jungen Tier nicht vorenthalten werden. Da Giftstoffe in die Milch übergehen, darf Milch von Tieren, die verdächtige oder giftige Pflanzen, von Hüttenrauch beeinflußtes Futter, mit Ausputz versehene Kleien oder sonstige verdorbene Futtermittel aufgenommen haben, an die Jungtiere nicht verabreicht werden. Auch saure oder sauer gewordene Milch wirkt auf Jungvieh schädlich, da dadurch tödlich verlaufende Durchfälle entstehen können.

Soll *saure Milch* verfüttert werden, so ist zu warten, bis sie dicksauer geworden ist. Dicksaure Milch wird gut vertragen, ansaure oder blausaure Milch dagegen ist für die Tiere schädlich. Fehlerhafte Milch darf an junge Tiere nicht verabreicht werden. Die Milch von tuberkulosen Tieren oder solchen, die an Maul- und Klauenseuche leiden, darf man nicht ohne weiteres verfüttern, da sonst diese Krankheiten übertragen werden. Durch Kochen oder mehrere Minuten dauerndes Erhitzen auf 85—90° C wird der Ansteckungsstoff zerstört.

Magermilch. Nach älteren Aufrahmverfahren enthält die Magermilch 0,75—1,0 % Fett, nach modernen 0,05—0,2 %

Fett. Als Magermilch bezeichnet man die durch Aufrahmen oder Zentrifugieren erhaltene Flüssigkeit, die sich von der Vollmilch fast nur durch den geringeren Fettgehalt unterscheidet. Am besten wird sie ganz frisch verfüttert. Auch bei der Magermilch ist vor der Verabreichung in schwachsaurem, blausaurem Zustand zu warnen, wohl aber kann sie dicksauer verfüttert werden. Infolge ihres Gehaltes an Eiweißstoffen ist die Magermilch besonders zur Fütterung an junge, wachsende Tiere geeignet. Sie wird hauptsächlich dem 4—6 Wochen alten Jungvieh möglichst frisch in angewärmtem Zustand gegeben. Da das Eiweißverhältnis in der Magermilch ungünstig ist, muß man stickstofffreie Stoffe zufügen, vor allem Fett in Form von Leinsaat; auch eine Beifütterung von Haferschrot hat sich bewährt. Die Magermilch ist ein vorzügliches Futtermittel für die Mast der Kälber, Lämmer und Schweine, wobei man bei der Kälbermast zur Erzeugung eines Kilogramms Lebendgewicht mit 18—20 kg Magermilch rechnet.

Buttermilch. Die Buttermilch hat je nach Art der Buttergewinnung die Eigenschaften einer süßen oder einer sauren Magermilch. Meist enthält sie 0,4—0,5 % Fett. Hauptsächlich dienen beide Formen der Buttermilch für die Schweinemast. Dagegen vertragen Ferkel und Kälber die Buttermilch in den ersten Wochen schlecht; auch später dürfen an sie nur geringe Mengen, am besten gekocht, verabreicht werden.

Molke. Die Molken oder das Käsewasser oder die Schotten werden bei der Käsegewinnung erhalten; dabei wird der Käsestoff durch Lab aus der Voll- oder Magermilch gewonnen. Sie sind ein sehr wässeriges Futter, das bei großen Molkereien in sehr erheblicher Menge anfällt und am besten an Mastschweine in gekochtem Zustand verfüttert wird. Ein Teil der Molken wird heute auch verheft. Die Molken sind reich an Calciumphosphat und Kaliumphosphat sowie an Milchzucker und Milchsäure. Die sauren Molken entstehen beim Abpressen des Quarkes aus sauer gewordener Milch, süße Molken durch Zusatz von Lab zu süßer und darauffolgender Abscheidung des Caseins. Saure Molken wirken abführend und dürfen an Zuchtvieh und tragende Kühe nicht verfüttert werden. Die sauren Molken enthalten mehr Calcium und Phosphorsäure als die süßen. Die Zusammensetzung der Molkereiprodukte geht aus nachstehender Übersicht hervor:

	Wasser	N-haltige Subst.	Fett	Milch-zucker	Milch-säure	Asche
	%	%	%	%	%	%
Käsemilch	93,36	0,73	0,38	4,93	0,12	0,60
Molken aus Käsemilch	93,79	0,60	0,07	5,10	0,12	0,44
Quarkserum	93,52	1,07	0,15	4,48	0,12	0,78
Magermilch	90,59	3,65	0,15	4,78	0,10	0,75
Buttermilch	90,94	3,71	0,65	3,65	0,35	0,70

Da die Verfütterung der Molke nur an Ort und Stelle erfolgen kann, hat man Verfahren zur Herstellung konzentrierter Futtermittel aus Molkereiabfällen ausgearbeitet. Durch Eindampfen der Molken von 93 % H_2O im Vakuum und Verarbeitung des Rückstandes mit Kartoffelflocken und Kleie erhält man wertvolle Futtermittel. Die eingedickte Molke enthält 45 % Trockensubstanz und wird als Dickmolke bezeichnet; am besten wird sie in der Schweinemast (bis 3 kg) und Geflügelhaltung (die Hälfte der Futterration) verwertet. Die Dickmolke besitzt je kg 60—70 g verdauliches Eiweiß und 400—500 g Stärkewert. Der Gehalt an Säure in der Dickmolke darf nicht höher als 10 % sein. Von der ursprünglichen Molke kann ein Schwein von 70—100 kg Lebendgewicht 20—30 Liter je Tag erhalten. Aus Dickmolke und Weizenkleie erzeugt man die sogenannte Molkenkleie, die aus etwa 66 Teilen Dickmolke und 34 Teilen Kleie besteht. Diese Molkenkleie hat sich als brauchbares Futtermittel erwiesen (13 % Eiweiß). An Stelle von Weizenkleie können auch Rübenschnitzel, Kartoffelflocken oder Heuhäcksel als Molkenträger verwendet werden. Durch Ausfällung der Eiweißkörper aus Dickmolke erhält man Molkeneiweiß.

Fischmehl. Nach ihrem Gehalt an Fett und Kochsalz kann man die Fischmehle in fettarme, fettreiche und salzhaltige Fischmehle einteilen. Die fettarmen Fischmehle werden entweder aus Magerfischen oder durch Extraktion aus fetthaltigem Material oder aus salz- und fettreichen Abfällen der Fischkonservenindustrie durch Extraktion von Salz und Fett gewonnen. Die fettreichen Fischmehle werden so hergestellt, daß fettreiche Fische einfach getrocknet und bei höherem Fettgehalt gegebenenfalls mit fettarmem Material gemischt werden, oder daß aus fettreichem Material durch Pressen der gedämpften Ware und nachträglichem Trocknen das fettreiche Fischmehl bereitet wird. Salzhaltige Fischmehle werden durch Mischen von salzarmem Material mit Salz auf einen Chlornatriumgehalt von 4 % gebracht oder es wird konserviertes frisches Material nachträglich gepreßt. Im allgemeinen wird das Fischmehl oder Fischfuttermehl aus mehr oder weniger entfetteten Fischen und Fischabfällen hergestellt, indem man das Material mit gespanntem Wasserdampf behandelt, trocknet, mahlt und siebt. Die Fischmehle weisen je nach dem Gehalt des Rohmaterials an Gräten und Köpfen verschiedene Zusammensetzung auf, enthalten aber immer erhebliche Mengen an Calciumphosphat, Vitamin A und D. Im Handel unterscheidet man je nach der Art der verwendeten Rohstoffe Fischmehl und Heringsmehl. Werden als Ausgangsmaterial Heringe verwendet, so müssen derartige Produkte Heringsmehl genannt werden. Zu den Fischmehlen im engeren Sinne sind Dorschmehl, Weißfischmehl und Mehl anderer Fischarten zu zählen. Norwegen liefert luftgetrocknetes Dorschmehl. Bei der Verarbeitung der Dorsche fallen Köpfe, Fischknochen, Flossen ab, die an der Luft getrocknet und gemahlen werden, wobei das sogenannte flockige Dorschmehl erhalten wird. Daneben stellt man auch ein körniges Dorschmehl her. Diese norwegischen Dorschmehle haben einen sehr niedrigen Fettgehalt und können daher in relativ großen Mengen gefüttert werden, selbst bis zum Ende der Mast, ohne schädlich zu wirken.

Bei der Fabrikation des Weißfischmehles werden Abfälle aller Art des Fischgroßhandels der Fischereihäfen verarbeitet, vor allem Kabeljau, Schellfisch und Seelachs. Die Weißfischmehle haben mehr Stickstoffsubstanz, weniger Calciumphosphat und etwas mehr Fett als die Dorschmehle.

Das Knochenfischmehl setzt sich zu 50 % aus Knochenfuttermehl, zu 50 % aus Fischmehl zusammen. Lupinenfischmehl ist eine Mischung von entbitterten Lupinen und Fischmehl, Sojafischmehl von Sojaschrot und Fischmehl.

Fischmehle, die aus verfaultem Rohmaterial hergestellt werden, enthalten vielfach geringe Mengen von freiem Ammoniak und sind als Futtermittel unbrauchbar. Werden auch einwandfreie Fischmehle in zu großen Mengen verfüttert, so treten Qualitätsschäden auf, besonders wenn der Fettgehalt hoch ist. Der Trangeschmack und Trangeruch verschwindet jedoch im Schweinefleisch, falls die Tiere 6 Wochen vor der Schlachtung nicht mehr mit Fischmehl ernährt werden.

Fischvollmehle sind Fischmehle, denen die bei der Gewinnung der Fischmehle anfallenden Fischpreßwässer in eingedampfter Form zugeführt worden sind. Die eingedickten Preßsäfte (fish-soluble) sind reich an Vitamin B_{12} und werden heute auch unter dem Namen Fischpreßwasserkonzentrat in Mengen von 1—3 % als Zusatz zur Futterration verfüttert. Die Fischvollmehle enthalten daher das wertvolle Vitamin B_{12} bzw. den Tiereiweißfaktor (APF), der heute in der Schweine- und Geflügelmast eine Rolle spielt.

Fischmehle werden vor allem in der Schweinemast verwendet, wobei die Hälfte der Eiweißration in Form von tierischem Eiweiß gegeben wird. Der große Vorteil der Fischmehle ist ihr biologisch vollwertiges Eiweiß, ihre appetitanregende Wirkung, ihr hoher Kalk- und Phosphorsäuregehalt und ihr Gehalt an Vitamin D. Infolge der Anwesenheit der genannten Mineralstoffe und Vitamine verhindert daher eine Fischmehlfütterung das Auftreten der Rachitis, und die Ferkel bekommen starke Knochen. In der Schweinemast werden vielfach 200—300 g je Tier und Tag gefüttert, doch genügen nötigenfalls schon 100 g, wie es z. B. in der Göttinger Mastvorschrift vorgesehen ist;

der Rest des Eiweißes muß dann in anderer Form, z. B. als Trockenhefe oder Fleischmehl, gegeben werden. Auch in der Geflügelhaltung spielt das Fischmehl eine Rolle, da für eine optimale Eierproduktion animalisches Eiweiß notwendig ist. Ein hoher Fett- und Kochsalzgehalt der Fischmehle ist zu beanstanden, da fettreiche Fischmehle traniges Fleisch und tranigen Speck erzeugen und hohe Kochsalzgaben auf Geflügel tödlich und auf Schweine nicht günstig wirken. Mitunter wird der hohe Kochsalzgehalt dazu benutzt, um die schlechte oder faulige Beschaffenheit eines Fischmehles zu tarnen. Ein gutes Fischmehl soll daher nicht mehr als 4 % Fett und 4 % Natriumchlorid enthalten. Fischmehl wird öfters mit Tiermehl verfälscht, manchmal auch mit Knochenmehl.

Garnelen sind getrocknete Krabben; sie dienen in der Geflügelfütterung als kalkreiches Eiweißbeifutter.

Fleischmehl. Das Fleischmehl ist ursprünglich ein Abfallprodukt der Fleischextraktfabrikation gewesen, die sich auf Grund der Arbeiten L i e b i g s entwickelt hat. Die erste Fabrik wurde 1863 in Fray Bentos in Uruguay errichtet, und weitere Fleischextraktfabriken wurden später in Argentinien, USA und Australien gebaut. Im wesentlichen werden Rinder verarbeitet, wobei das Fleisch von den Knochen getrennt, vom Fett befreit, zerkleinert und mit Wasser behandelt wird. Entweder wird das Wasser in der Kälte zugegeben und später erhitzt, oder es wird gleich bei einer Temperatur von 70—80° C verarbeitet, um das Albumin zum Koagulieren zu bringen. Die entstandene Brühe wird filtriert und eingedampft, das extrahierte Fleisch gedarrt und gemahlen. Mit Ausnahme der wasserlöslichen Fleischbestandteile und der wasserlöslichen Salze sind somit im Fleischmehl alle Bestandteile des ursprünglichen Fleisches enthalten. Das Fleischmehl ist ein gelblich-braunes bis braunes Pulver von eigenartigem Geruch, reich an Eiweiß, arm an Calcium und Phosphorsäure.

Heute kommen unter der Bezeichnung Fleischmehl Produkte in den Handel, die hauptsächlich Rückstände aus der

Fleischkonservenindustrie sind, somit aus dem Fleisch und den Knochen gesunder, geschlachteter Tiere, und aus Fleischabfällen von Konservenfabriken und Fleischgefrieranstalten stammen, 50—55 % Eiweiß enthalten, vielfach infolge mitverarbeiteter Knochen eine schwankende Zusammensetzung zeigen. Nach den Vorschriften des Futtermittelgesetzes dürfen als Fleischmehle nur Substanzen angeboten werden, die nicht mehr als 12 % phosphorsauren Kalk enthalten. Produkte mit einem höheren Gehalt sind als Fleisch-Knochenmehle zu bezeichnen. Während die bei der Fabrikation des Fleischextraktes anfallenden Fleischmehle arm an Calcium und Phosphorsäure sind, weshalb bei ihrer Verfütterung phosphorsaurer Futterkalk beigegeben werden muß, sind die modernen Fleischmehle, die, wie erwähnt, hauptsächlich Rückstände aus der Fleischkonservenindustrie darstellen, reich an Calcium und Phosphorsäure. Produkte, die mehr als 32 % phosphorsauren Kalk enthalten, heißen Knochenschrote. Nach dem deutschen Futtermittelgesetz unterscheidet man somit drei Arten der Rückstände aus der Fleischkonservenindustrie je nach dem Gehalt an Calciumphosphat, nämlich:

Fleischmehl	bis 12 % phosphorsaurer Kalk
Fleischknochenmehl	12—32 % phosphorsaurer Kalk
Knochenschrot	über 32 % phosphorsaurer Kalk

Während Wiederkäuer und Pferde das Fleischmehl wegen seines Geruches nicht gerne nehmen, ist es ein vorzügliches Eiweißfuttermittel für die Schweinemast; man verabreicht an Schweine bis zu 300 g je Tier und Tag.

Die Zusammensetzung von *Fleischmehl, Fleischknochenmehl* und *Knochenschrot* ist:

	Wasser %	Rohprotein %	Rohfett %
Fleischmehl aus Schlachthofabfällen ..	10,8	72,3	13,2
Fleischknochenmehl	8,0	48,9	8,3
Fleischknochenschrot, nicht entfettet ..	8,0	37,4	7,4
Fleischknochenschrot, entfettet	10,0	28,0	2,0

Tiermehl. Unter Tiermehl oder Tierkörpermehl versteht man das in Tierkörperverwertungsanstalten aus den Leichen verendeter Tiere und aus Schlachtabfällen durch Trocknen gewonnene Produkt, das auch den Namen Kadavermehl führt. Zum Teil werden die Tierkadaver enthäutet und ausgenommen, während die an Seuchen verendeten Tiere mit Haut und Haaren verarbeitet werden. Die Kadaver werden mit gespanntem Dampf behandelt und das nach der Zerkleinerung erhaltene Material bis zum trockenen Pulver eingekocht, wobei als Nebenprodukte Leimbrühe und Fett anfallen. Statt Wasserdampf wird vielfach Benzin unter starkem Druck verwendet, wodurch die Fettausbeute rationeller wird. Die Zusammensetzung der Tierkörpermehle beträgt:

	Wasser %	Rohprotein %	Rohfett %	Asche %
Tierkörpermehl	7,0	50,3	17,0	22,0

Am besten werden die Tiermehle in der Schweinemast verwendet, wobei 300 g je Tier und Tag verfüttert werden; doch wird man im Durchschnitt nicht mehr als 100 g geben; auch an Geflügel wird es verabreicht, wobei die Futtergemische 10 % enthalten können. Auch von Pferden wird Tierkörpermehl gefressen, aber nur dann, wenn der Geruch und Geschmack durch Zumischung von Melasse verdeckt werden.

Blutmehl wird durch Eintrocknen und Mahlen des Blutes von Schlachttieren gewonnen. Wesentlich ist, daß die Trocknungstemperatur nicht zu hoch liegt, weil sonst die Verdaulichkeit des Blutmehls leidet. Durchschnittlich enthält das Blutmehl 83—89 % Rohprotein und 2,5 % Fett. Richtig getrocknete Produkte haben eine Verdaulichkeit des Rohproteins von 86—92 %, zu hoch getrocknete nur von 60 %. Das Blutmehl wird von allen Tiergattungen gern genommen und besonders in der Schweinemast und Geflügelhaltung verwendet. An Schweine verfüttert man bis 100 g je Tier und Tag.

Walmehl. Vor dem zweiten Weltkrieg spielte auch das Walmehl in Deutschland als Futtermittel eine gewisse Rolle. Es fällt beim Walfischfang an und stellt ein dunkelbraunes, nach Fischtran riechendes Pulver dar. Es enthält relativ große Mengen Fett, während sein Aschengehalt von dem Knochenbetrag abhängt, der beigemischt wurde. Seine Zusammensetzung beträgt:

	Wasser %	Rohprotein %	Rohfett %	Asche %
Walfleischmehl				
knochenarm ...	7,3	62,3	25,1	4,8
knochenreich ..	5,6	51,1	21,9	19,2

Walmehl wurde vor allem in der Schweinemast zur Erhöhung des Eiweißgehaltes einer Futterration eingesetzt. Seine Nährstoffe sind hochverdaulich. Einseitige Fütterung von Walmehl, das knochenarm ist, führt leicht infolge Vitamin-D-Mangels und Mangels an Calcium und Phosphorsäure zu rachitischen Erscheinungen. Am besten werden daher bei Fütterung mit Walmehl Trockenhefe und phosphorsaurer Futterkalk beigegeben.

Lebertran ist kein Futtermittel, sondern ein Heilmittel wegen seines beachtlichen Gehaltes an den Vitaminen A und D_3. Der Lebertran wird in ganz kleinen Dosen dem Trockenfutter beigegeben. Er wird aus frischer Dorschleber gewonnen und enthält vielfach in der Fettfraktion Substanzen, die Wiederkäuer schädigen können, während Schweine und Geflügel ihn gut vertragen.

10. Amidfutter

Schon seit langem hat sich die Forschung mit der Frage befaßt, inwiefern Eiweiß in der Fütterung durch Aminosäuren oder Säureamide eingespart werden könnte. Da solche einfachen Eiweißbausteine teilweise chemisch-industriell auf synthetischem Wege in wirtschaftlicher Weise hergestellt werden können, wäre dieser Weg von Bedeutung für die Fütterung unserer Haustiere auf wirtschaftseigener Grundlage. Von unseren Nutztieren bieten aber nur die Wiederkäuer die nötigen physiologischen Voraussetzungen für eine derartige Einsparung von Eiweiß; in ihren Vormägen, insbesondere im Pansen, verfügen sie über eine reiche Bakterienflora, die sie befähigt, aus derartigen „Amiden" Eiweißstoffe aufzubauen. Bei ihrem Absterben werden diese Eiweißkörper vom Wirtstier ausgenutzt. Die Infusorien des Pansens scheinen nach den bisherigen Forschungen dagegen für eine solche

Synthese nicht befähigt zu sein. Es zeigte sich, daß insbesondere der Harnstoff und organische Ammoniumsalze von den Cellulosezersetzern des Pansens leicht assimiliert werden. Da aber die Gefahr gegeben ist, daß durch das im Pansen vorhandene Enzym Urease der Harnstoff aufgespalten wird und das dabei entstehende Ammoniak eine starke Alkalisierung des Panseninhaltes bewirkt, die schwere Schädigungen im Gefolge hat, erzeugte man Adsorptionsverbindungen von Harnstoff an Kohlenhydrate, wie Amidflocken (Harnstoff + Kartoffelflocken), Amidschnitzel (Harnstoff + Zuckerrübenschnitzel), Amidkleie (melassierte Kleie mit Harnstoff), Amidleinkuchen (Leinkuchenmehl mit Harnstoff). In Deutschland ausgeführte Versuche haben ergeben, daß diese versuchsweise hergestellten Futtermittel für den Wiederkäuer bekömmlich sind, und Versuche bei der Fütterung von Milchkühen mit Amidschnitzeln als eiweißeinsparende Mittel zeigten, daß eine solche Einsparung durch Harnstoff in der Milchviehfütterung bis zu einem gewissen Grad durchführbar ist. Doch reichte diese eiweißeinsparende Wirkung des Harnstoffes nicht aus, die Milchleistung auf der gleichen Höhe wie bei der Verfütterung von wirklichem Eiweiß zu halten.

Die während des zweiten Weltkrieges der deutschen Landwirtschaft zur Verfügung gestellten Futtermittel auf der genannten Grundlage hatten folgende Zusammensetzung:

Älteres Amidfuttergemisch:		*Neueres Amidfuttergemisch:*	
25 %	Palmkernschrot (extrah.)	20 %	Palmkernschrot (extrah.)
12 %	Kokoskuchenmehl (extr.)	20 %	Weizenkleie
23 %	Erdnußkuchenmehl (extr.)	30 %	Eiweißpülpe
24 %	Trockenschnitzel	15 %	Trockenschnitzel
10 %	Melasse	7,5%	Melasse
6 %	Futterharnstoff	7,5%	Futterharnstoff

Das Eiweiß-Stärke-Verhältnis beträgt 1:2,5. 1 kg deckt den Eiweißbedarf für die Erzeugung von 5 Liter Milch. Für die Anwendung des Amidschnitzelfutters wurde folgende Vorschrift gegeben:

1. Langsames Gewöhnen der Tiere an das neue Futtermittel (Übergangszeit 5—8 Tage).
2. Höchstgabe je Tier und Tag 3 kg.
3. Unbedingte Trockenfütterung.
4. Verabreichung zu Beginn der Mahlzeit.
5. Beigabe von gutem Heu.
6. Trockene Lagerung.

Heute werden die Amidfuttermittel kaum mehr angewendet; für Notzeiten werden sie aber vermutlich immer eine gewisse Bedeutung haben.

11. Mineralische Futtermittel

Wasser. Einwandfreies Tränkwasser muß rein und klar sowie geruchlos sein, darf nicht zu große Härte, nicht zu niedrige, aber auch nicht zu hohe Temperatur haben und keine schädlichen Bakterien und sonstigen schädlichen Stoffe besitzen. Es muß einen erfrischenden Geschmack aufweisen, der auf seinen Gehalt an gelösten Salzen zurückzuführen ist, besonders auf Calcium-, Magnesium-, Kalium- und Natriumsalze. Magnesiumsalze erzeugen in größeren Mengen einen bitteren Nachgeschmack. Salze des zweiwertigen Eisens schmecken nach Tinte; sind gleichzeitig Huminstoffe und Eisenoxydverbindungen vorhanden, so entsteht ein mooriger Geschmack. Salpetrige Säure und freies Ammoniak dürfen in einem Tränkwasser nicht vorhanden sein; Nitrate sind nicht zu beanstanden, falls nachgewiesen wird, daß sie nicht organischen Ursprungs sind. Die Temperatur des Wassers liegt am besten bei 10° C. Zu warmes Wasser wirkt nicht erfrischend, zu kaltes Wasser vergeudet in der kalten Jahreszeit unnötige Kalorien und kann sonstwie Schädigungen bringen. Im Sommer erzeugen die normalen Stoffwechselvorgänge einen Wärmeüberschuß, der auf jeden Fall abgeführt werden muß, entweder mittels der physikalischen Wärmeregulation oder durch Erwärmung aufgenommenen Tränkwassers, weshalb das Tränkwasser im Sommer ohne nachteilige Folgen bezüglich des Energieverbrauches kühler als im Winter sein darf, wo Aufnahme zu kalten Wassers eine Futterverschwendung bedeuten würde.

Die Wasserhygiene hat den pathogenen Bakterien und den tierischen Parasiten Aufmerksamkeit zu schenken, da verschiedene Krankheiten und Tierseuchen durch Infektion mit verunreinigtem Wasser entstehen können. Der Untersuchung des Tränkwassers in chemischer und hygienischer Hinsicht ist daher größte Bedeutung zuzumessen.

Schon durch das Futter nimmt das Tier einen Teil des notwendigen Wassers auf, die Hauptmenge aber bei der Tränke. Temperatur und Futterbeschaffenheit beeinflussen die Mengen Wasser, die ein Tier während des Tages aufnimmt. Auf 1 kg Trockensubstanz des Futters rechnet man mit 4—5 kg Wasser oder je 1000 kg Lebendgewicht und Tag mit 60—90 kg Wasser.

Mangel an Wasser schädigt den Organismus sehr, da dadurch die Umsetzungen im Körper nicht vor sich gehen können. Aber auch ein Zuviel an Wasser ist schädlich, da damit dem Organismus überflüssigerweise Wärme entzogen wird.

Natriumchlorid. Den Tieren wird gegebenenfalls das nötige Natriumchlorid in Form von Viehsalz gereicht, das mindestens 95 % NaCl enthalten muß. Zu starke Verunreinigungen mit Magnesiumchlorid machen es hygroskopisch. Die Verfütterung erfolgt in Form von Lecksteinen und Salzlecken oder durch Zusatz zum Futter. Fade schmeckendes Futter wird durch Salzzusatz schmackhaft gemacht. Für Milchvieh rechnet man mit einer Gabe von 40 g Viehsalz je Tier und Tag.

Calciumcarbonat. Als Kalkfutter wird neben dem Calciumphosphat das Calciumcarbonat in Form von gemahlenem Kalkstein oder Schlämmkreide gegeben. Bei der Beurteilung des kohlensauren Kalkes für Futterzwecke ist naturgemäß der Gehalt an $CaCO_3$ wesentlich, während Sand und andere Verbindungen seinen Futterwert verringern. Für die Geflügelfütterung können auch Kalkstein, Muschel- oder Austernschalen in geschroteter Form verwendet werden.

Phosphorsaurer Futterkalk. Diese Substanz wird normalerweise durch Extraktion entleimter Knochen mittels Salzsäure und Fällung mit Kalkmilch gewonnen, wobei ein Gemisch von Dicalciumphosphat und Tricalciumphosphat ausfällt. Als wertbestimmender Faktor des phosphorsauren Futterkalks wird im allgemeinen der Gehalt an Dicalciumphosphat genommen, der durch seine Citratlöslichkeit ermittelt wird. Nach der Vorschrift des Verbandes der landwirtschaftlichen Versuchsstationen werden 2,5 g der fein zerkleinerten Substanz mit 250 ccm Petermannscher Citratlösung versetzt und eine halbe Stunde im Rotierapparat geschüttelt. 50 ccm des Filtrats (= 0,5 g Substanz) werden mit 20 ccm konzentrierter Salpetersäure angesäuert, mit 50 ccm Wasser versetzt und 10 Minuten gekocht, worauf die Phosphorsäure in üblicher Weise gefällt wird.

Wichtig ist, daß der phosphorsaure Futterkalk keine Verunreinigungen enthält, vor allem kein Arsen, das in der rohen Salzsäure vorhanden sein kann.

Wird als Rohmaterial zur Erzeugung von phosphorsaurem Futterkalk Rohphosphat genommen, so darf der Fluorgehalt des Endproduktes höchstens 0,03 % F betragen. Auch Knochenmehle und aufgeschlossene Phosphate werden als Rohmaterial für die Erzeugung von phosphorsaurem Futterkalk verwendet. Selbstverständlich müssen solche Knochenmehle hygienisch einwandfrei sein, und für sie ist der gleiche geringe Fluorgehalt wie für die phosphorsauren Futterkalke zu fordern.

An Milchvieh empfiehlt es sich, je Kuh und Tag 60 g eines Gemisches gleicher Teile Calciumcarbonat und Calciumphosphat zu verwenden. An Mastschweine werden je nach der Art des übrigen Futters 10—20 g phosphorsaurer Futterkalk verabreicht. Besonders bei der Mast junger Schweine ist eine derartige Zulage nötig.

Calciumchlorid wird vielfach als Kalkfuttermittel empfohlen. Da es das Säurebasengleichgewicht des Organismus ungünstig beeinflußt, ist es für solche Zwecke abzulehnen.

Spurenelemente. Die Zufuhr anderer Mineralsalze, wie Jodsalze, Kupfersalze, Mangan-, Eisen- und Kobaltsalze in der Größenordnung der Spurenelementwirksamkeit kann unter Umständen angezeigt sein. Sie erfolgt am besten in Form von entsprechenden Mischfuttermitteln, über die weiter unten berichtet wird.

12. Mischfuttermittel

Mit Ausnahme der Melasse-Mischfuttermittel, die sich schon seit längerer Zeit im Handel eingebürgert haben, hatte man bis vor kurzem aus begreiflichen Gründen seitens der Wissenschaft eine gewisse Abneigung gegen die Herstellung von Mischfuttermitteln. Begründet war dies durch die Tatsache, daß bei den früheren Produkten dieser Art die Zusammensetzung oft sehr zu wünschen übrigließ, zumal eine entsprechende Garantie nicht übernommen werden konnte; die Folge war, daß solche Substanzen vielfach groben Verfälschungen unterlagen.

Seit einigen Jahren hat aber die DLG gemeinsam mit der Futtermittelindustrie eine Reihe von *Standard-Mischfuttermitteln* herausgebracht, bei denen gewisse Nährstoffmindestgehalte garantiert werden und die einer ständigen Kontrolle unterworfen sind. Auf diese Weise gibt es jetzt DLG-Kraftfuttergemische für Milchvieh, Kälber und Schweine, aber auch Zusätze zu diesen Gemischen, und zwar für Geflügel, Schweine, Kälber und Milchvieh. Eine einwandfreie Versorgung mit Makro- und Mikronährstoffen, Vitaminen und Antibiotica wird durch diese Zusätze gewährleistet. Als Beispiele seien einige *Zusatz-Mineralstoffmischungen* gebracht[1].

Für Geflügel:

69,0 % Knochenfuttermehl
30,0 % jodiertes Viehsalz
1,0 % Spurenelementsalze (Fe:Cu:Mn wie 3:1:4)

Für Schweine:

59,5 % kohlensaurer Futterkalk
30,0 % phosphorsaurer Futterkalk
10,0 % Viehsalz
0,5 % Spurenelementsalze (Fe:Cu:Mn wie 5:1:2)

Für Kälber und Milchvieh:

40,0 % kohlensaurer Futterkalk
30,0 % phosphorsaurer Futterkalk
24,5 % Viehsalz
5,0 % Magnesiumsulfat
0,5 % Spurenelementsalze (Fe:Cu:Mn:Co wie 5:1,5:1:0,2)

Auch der Mangel an Vitamin A und D wird durch entsprechende Mineralsalzmischungen gedeckt.

13. Die ernährungsphysiologische Beurteilung der Handelsfuttermittel

Was die Produkte der Müllerei betrifft, so sind normale Futtermehle und Kleien, soweit sie nicht verfälscht werden, zwar reich an Rohfaser, aber auch an Eiweiß mit relativ beachtenswerter biologischer Wertigkeit, essentiellen Fettsäuren, Vitaminen der B-Gruppe (vor allem B_1, B_2, Niko-

1) Vgl. hierzu DLG-Kraftfuttergemische für Rinder und Schweine und für Mineralbeifütterung. IV. Aufl. 1955/56. Gemeinschaft Deutscher Kraftfutterfabriken Hamburg.

tinsäureamid), Vitamin E und Mineralstoffen. Allerdings besitzen sie kein Carotin und ein schlechtes Ca/P-Verhältnis (Kalkmangel). Zweifellos werden aber einseitig zusammengesetzte Futterrationen durch sie gut ergänzt.

Die Rückstände der Fett- und Ölfabrikation sind meist eiweißreich, besitzen mancherlei essentielle Aminosäuren, Vitamine der B-Gruppe, aber kaum Carotin. Mit Ausnahme der Sesamkuchen enthalten sie wenig Calcium und viel Phosphorsäure; im übrigen sind sie arm an Natrium und Chlor und reich an Kalium.

Die Rückstände der Stärkefabrikation enthalten hauptsächlich Energieträger in Form von Kohlenhydraten, aber kaum Schutzstoffe, vor allem keine Vitamine und wertvollen Mineralien. Das gleiche gilt im wesentlichen von den Rückständen der Brauerei und Brennerei mit der einzigen Ausnahme der Hefe, die reich an wertvollem Eiweiß ist (wenn auch nicht biologisch vollwertig, da die schwefelhaltigen Aminosäuren fehlen) und vor allem eine Fülle von Wirkstoffen enthält, wie Vitamin B_1 und Ergosterin; es mangeln hier allerdings Carotin und wertvolle Mineralstoffe.

Die Produkte der Zuckerindustrie sind lediglich als wertvolle Energieträger anzusehen, denen die Schutzstoffe praktisch fehlen, was sowohl für biologisch einwandfreies Eiweiß wie auch für Vitamine und Mineralstoffe gilt.

Eine Sonderstellung nehmen die Futtermittel tierischen Ursprungs dadurch ein, daß sie das biologisch vollwertige animalische Eiweiß enthalten und deshalb von besonderem Wert bei der Fütterung der Omnivoren sind. Mit Ausnahme der Milch sind sie allerdings einseitig zusammengesetzt.

IV. Die Konservierung der Futtermittel

1. Die natürliche Trocknung

Die natürliche Trocknung, somit die Trocknung an der Luft, kann bei sehr wasserhaltigen Futtermitteln, wie den

Blättern und Köpfen der Zuckerrüben, der Futterrüben, Kartoffeln, Rübenschnitzeln, der Pülpe nicht durchgeführt werden, da diese Produkte wegen ihres hohen Wassergehaltes und der dadurch nötigen langen Trocknungszeit meistens der Fäulnis anheimfallen. Natürlich getrocknet können somit nur Pflanzen werden, die unter normalen Verhältnissen dieses Prozesses ihr Wasser innnerhalb kurzer Zeit verlieren (von 75—80 % auf etwa 15 %), nicht großen Zersetzungen unterliegen und auf diese Weise in eine brauchbare Konserve übergeführt werden können.

a) Die Dürrheubereitung

Die wichtigste Form der natürlichen Trocknung ist die Dürrheubereitung oder Heuwerbung. Wesentlich für diesen Vorgang ist der hohe Wasserverlust, während die sonstigen stofflichen Veränderungen, einigermaßen günstige Witterungsverhältnisse vorausgesetzt, relativ gering sind. Werden allerdings durch ungünstige Bedingungen der natürlichen Trocknung die Oxydations- und Zersetzungsprozesse wesentlich gefördert, denen die zu trocknenden Produkte immer etwas unterliegen, so treten unter Umständen tiefgreifende Umwandlungen ein, die zu einem Verderben der Ausgangssubstanzen führen können. Insbesondere tragen die an den Pflanzen stets anhaftenden Bakterien- und Pilzsporen hierzu bei, und es treten dann je nach den äußeren Bedingungen Verschimmelungen oder Fäulnisprozesse auf. Bei dichter Lagerung und höherer Anfangstemperatur des Grünfutters ist wiederum die Gefahr gegeben, daß das Grünfutter der Selbsterhitzung zum Opfer fällt. Der Wert des bei der Dürrheubereitung zustande kommenden Wasserentzuges liegt darin, daß im gebildeten Dürrheu solche Vorgänge wie Selbsterhitzung oder Verschimmelung nicht mehr in dem starken Ausmaße wie im ursprünglichen Grünfutter sich abspielen können. Bei der Dürrheubereitung ist der Wasserverlust im allgemeinen um so größer, je wasserreicher das ursprüngliche Produkt war, somit bei jungen Pflanzen größer als bei alten. Einige Zahlen sollen dies veranschaulichen:

	Rotklee	Futterwicke	Wiesengras
Grün	69—86 %	80—85 %	52—88 % H_2O
Trocken .	13—22 %	14—17 %	10—22 % H_2O

Nicht nur das auf natürlichen Grünlandflächen gewachsene Futter wird zu Dürrheu umgewandelt, sondern auch Klee, Luzerne, Esparsette und die meisten anderen Grünfutterpflanzen des Feldfutterbaues, weil sie auf diese Weise im allgemeinen am einfachsten und billigsten in einen haltbaren Zustand übergeführt werden. Bezüglich der Größe der Verluste bei der Heubereitung vgl. den Abschnitt „Heu“ S. 31.

Da das Provitamin A, das sogenannte Carotin, sehr oxydationsempfindlich ist, treten bei der Heugewinnung durch langes Trocknen oder sehr intensive Sonnenbestrahlung, aber auch nach langem Lagern, starke Carotinverluste auf. Weil das Provitamin A, somit das Carotin, in der Leber bzw. im Dünndarm der Tiere in das eigentliche, aktive Vitamin A übergeführt wird, ist somit intensive Sonnenbestrahlung, wie sie besonders im Hochgebirge (Allgäu) bei der Heuwerbung leicht auftritt, so vorteilhaft sie sonst für diesen Prozeß ist, insofern schädlich, als die wertvolle Vorstufe eines Vitamins zerstört wird; andererseits begünstigt Einstrahlung von ultraviolettem Licht, wie sie besonders im Hochgebirge bei schönem Wetter auftritt, die Bildung von Vitamin D (D_2) aus dem in jeder Pflanzenzelle vorhandenen Ergosterin.

Selbstverständlich ruft jede starke Beregnung des zu trocknenden Futters eine Einbuße an Nährstoffen durch Auswaschen hervor, die dann besonders groß wird, wenn schon fast trockenes Futter wieder beregnet wird und dieser Prozeß des Trocknens und Wiederberegnens sich einige Male wiederholt. Auch bei günstigstem Erntewetter treten, z. B. bei der Dürrheubereitung des Rotklees, unter Umständen 15—20 % Nährstoffverluste auf, unter ungünstigeren Verhältnissen sogar mehr als das Dreifache davon.

Wesentlich ist dabei, daß der Gehalt an verdaulichen Nährstoffen eines durch Regen ausgelaugten Heues viel geringer ist als in einem bei vorteilhaftem Wetter gewonnenen. Da die Blätter durchschnittlich die dreifache Menge an Protein und Fett, die doppelte Menge an Mineralsubstanzen, aber nur ein Viertel bis ein Fünftel der Rohfaser der Stengel aufweisen, bedeutet jeder

Verlust an Blättern eine Verminderung des Futterwertes. Bei der Heuwerbung der Kleepflanzen ist daher eine rasche Trocknung zur Ausschaltung von Atmungsverlusten ebenso anzustreben wie ein möglichster Schutz der zu trocknenden Futtermittel vor Nährstoffverlusten durch Auswaschung und Vermeidung von überflüssigen Manipulationen. Insbesondere bei den Kleearten sind diese Vorsichtsmaßregeln nur bei Anwendung von Trockengerüsten durchzuführen, wobei sich für den Feldfutterbau besonders auch die dreibeinigen Kleereuter gut eignen, die in Pyramidenform aufgestellt werden. Um zu verhindern, daß der Wind das Gestell umwirft, werden sie so aufgestellt, daß der Wind auf seine Breitseite trifft. Die Ausmaße dieser Gerüste werden um so kleiner gewählt, je niederschlagsreicher das Gebiet ist; meist werden für eine gute Klee-Ernte 10—15 solcher Reuter auf 1 ha ausreichen. Der Klee soll stets etwas abgewelkt und nicht regenfeucht oder taufrisch auf die Reuter gegeben werden, damit weder Schimmelbildung noch Fäulnis auftreten kann. Auch die sogenannten Dünndrahtreuter bzw. die Schwedenreuter haben sich zur Heuwerbung sowohl von Wiesenfutter wie auch Leguminosen gut bewährt.

Was im besonderen das Wiesenfutter anbelangt, so tritt bei der Heuwerbung auf der Wiese nicht wie bei den Kleearten die Gefahr so großer Blattverluste auf. Wesentlich bei der Gewinnung von Wiesenheu ist die möglichst rasche Durchführung der Trocknung. Man wird vor Eintritt der Nacht oder vor einem Regen das geschnittene Wiesengras in Haufen setzen, um ein Betauen und Beregnen zu vermeiden. Bei sonniger und trockener Witterung wird das fein ausgebreitete Gras ein- oder zweimal gewendet; nach 2—3 Tagen wird es meist trocken genug zum Einfahren sein. Bei feuchten Klimalagen wird man nach kurzfristigem Abwelken auf dem Boden das so abgewelkte Futter auf Trockengerüste bringen (Kleereuter, Schwedenreuter usw.). Wenn das Heu bricht, kann es eingefahren werden. Richtig geworbenes Heu hat den charakteristischen Heugeruch und eine gesunde, mattgrüne Farbe; so gewonnenes Wiesenheu besitzt 15—16 % Wasser; zur Abgabe weiteren Wassers muß es einen sogenannten Schwitzprozeß durchmachen, vorher darf es nicht verfüttert werden; es muß daher luftig aufbewahrt werden.

Wird jedoch das Heu mit einem höheren Feuchtigkeitsgehalt eingebracht, so kommt es zu einer starken Selbsterwärmung, die auf die durch Tätigkeit von Mikroorganismen hervorgerufenen Gärungsvorgänge, auf rein chemische Umsetzungen und auf die

Atmung der noch lebenden Pflanzenzellen zurückzuführen ist. Feuchte Heumassen können auf diese Weise, meist erst einige Zeit (2 Monate) nach dem Einbringen, Temperaturen bis zu 200° C erreichen, wodurch Verkohlung bzw. bei Anwesenheit von ausreichender Luft Selbstentzündung auftreten kann. Die Erhitzung im Inneren eines schlecht getrockneten Heuhaufens wird infolge der schlechten Wärmeleitung des Heues vielfach nicht von außen bemerkt, weshalb es erforderlich ist, die Temperatur in größeren Heuhaufen mittels Mietenthermometers zu messen.

b) Die Selbstentzündung des Heus

Beim Trocknen macht normales Heu eine sogenannte milde Gärung durch, es schwitzt, wie man sagt; bei diesem Prozeß entstehen angenehm riechende Substanzen, die nach Heublumen und Kräutern duften. Diese Gärgerüche treten bei Temperaturen von 40—50° C im Heustapel auf, wogegen bei weiterer Steigerung der Selbsterhitzung auf 50—70° C eine sogenannte Übergärung mit Übergärungsgeruch sich bemerkbar macht. Bei dem letztgenannten Prozeß riecht das Heu stärker als sonst, der Geruch ist scharf, zum Teil riecht es nach frischem Brot, nach Hefe und Karamel. Diese aufdringlichen Gerüche wirken unangenehm, und in diesem Übergangszustand beginnt die Selbstentzündungsgefahr, der am besten durch Umlagerung und Auskühlung, zum mindesten aber durch Überprüfung der Temperatur im Inneren des Heustapels mittels eines Heuthermometers vorgebeugt werden kann. Werden die geschilderten Gerüche der Übergärung nicht beachtet, so steigern sie sich langsam bis zum Röstgeruch, was in einer Zeitspanne von einigen Tagen bis zu 10 Wochen der Fall sein kann. Die Farbe des Heues ist dann bräunlich bis dunkelbraun, der Geruch beizig und brandig. Schon das übergorene Heu wird von den Tieren nicht gern gefressen, das Röstheu jedoch ist als Futter unbrauchbar. Röstheu entzündet sich bei Luftzufuhr oft schlagartig, und es muß daher bei seiner Abtragung im Stapel die Feuerwehr zu Hilfe gerufen werden. Die beste Verhütung der Selbstentzündung besteht darin, das Heu möglichst trocken und einwandfrei einzubringen bzw. es bei Auftreten verdächtiger Geruchsanzeichen sofort entsprechend zu beobachten und zu überprüfen. Große, hohe Stapelmassen und zu dicht gepreßtes Heu begünstigen die Selbstentzündung ebenso wie saftiges, krautiges und nährstoffreiches Futter. Auf verdächtiges Heu darf kein neues Heu aufgebracht werden.

2. Die Aufbewahrung des Getreides

Beim Getreide gelingt es in unserem Klima nur selten, durch bloßes Nachreifen auf dem Felde ein völlig getrocknetes Produkt zu erhalten, von dem man erwarten kann, daß es in den Speicherräumen keinen Veränderungen und Umsetzungen mehr unterworfen ist. Die Stoffverluste des Kornes, bewirkt durch den Vorgang der Atmung, sind um so größer, je höher der Wassergehalt des Getreides ist; man hat gefunden, daß bei der Erhöhung des Wassergehaltes von 14 auf 28 % die Atmungskohlensäure auf das Siebzigfache ansteigt. Dazu kommt noch, daß die auf den Getreidekörnern vorhandenen Bakterien und Schimmelpilze den Abbau der Stoffe erhöhen, aber nur auf feuchten Körnern ihre Tätigkeit voll bewerkstelligen können. Man vermochte nachzuweisen, daß bei sehr feuchtem Getreide die Verluste an Trockensubstanz bis zu 1 % wöchentlich sind, wozu noch kommt, daß gleichzeitig auch die Qualität des Futter- oder Nahrungsmittels empfindliche Einbußen erleidet. Getreide kann erst dann auf Jahre hinaus ohne wesentliche Verluste qualitativer und quantitativer Art gelagert werden, falls sein Feuchtigkeitsgehalt höchstens 13 % beträgt, da dann sowohl die Atmung des Samens wie auch die Infektion mit Mikroorganismen im wesentlichen ausgeschaltet ist. Dazu kommt noch die vorteilhafte Tatsache, daß das in diesem Ausmaße getrocknete Getreidekorn schwer mehr Feuchtigkeit aus der Luft aufnimmt. Die Wasserabgabe aus dem Innern des Kornes, das sogenannte Schwitzen, geht im allgemeinen in einer luftigen Feldscheune eher vor sich, als mittels wochenlangen Durchschaufelns des Getreides auf dem Speicher erreicht wird. Getreide, das höchstens 13 % Wassergehalt hat, kann in Silos eingelagert werden; in diesem Falle ist die Gefahr einer Selbsterwärmung nicht mehr vorhanden, zumal bei dem vollständigen Abschluß der Außenluft keine Feuchtigkeit mehr aufgenommen wird. Bei Getreidesilos mit eingebauter Lüftung kann auch Getreide mit höherem Feuchtigkeitsgehalt ohne schädliche Folgen eingelagert werden.

3. Die Aufbewahrung der Kartoffeln

Was die Aufbewahrung der Kartoffeln anbelangt, so ist auch hier eine Einschränkung der Atmungstätigkeit anzustreben, um zu große Nährstoffverluste zu vermeiden. Da die Atmung mit zunehmender Temperatur und Feuchtigkeit ansteigt, sind damit schon die Richtlinien für eine sachgemäße Konservierung gegeben. Dazu kommt noch, daß besonders bei Beginn des Frühjahrs durch die Keimung der Kartoffelknollen ein weiterer Verlust der organischen Substanzen eintritt. Auch die Keimung wird durch niedere Temperatur und verminderte Feuchtigkeit weitgehend eingeschränkt. Da bakterielle und pilzliche Fäulniserreger ebenfalls schwere Verluste erzeugen und sie bei höherer Temperatur und Feuchtigkeit den günstigsten Nährboden finden, ist auch aus diesen Gründen für Niedrighaltung dieser Faktoren zu sorgen. Ferner ist zur Verhinderung einer Infektionsgefahr eine scharfe Auslese aller kranken Knollen, möglichst auch aller äußerlich verletzten, vor der Einlagerung nötig. Die Kartoffeln sind nach Möglichkeit bei trockener Witterung zu ernten oder mindestens vor der Einlagerung genügend abzutrocknen. Diese selbst muß kühl und trocken vor sich gehen, am besten bei 4—5° C; über 8° C darf die Temperatur nicht steigen, unter 1° C wegen Frostgefahr nicht sinken. Auch bei günstigster Aufbewahrung treten, auf das Frischgewicht der Kartoffeln bezogen, nach 6 Monaten etwa 4—6 %, nach 9 Monaten 9—10 % Verluste und ebenso ein Rückgang des Stärkegehaltes auf; bei unsachgemäßer Aufbewahrung betragen diese Verluste jedoch 50 % und mehr. Werden die Kartoffeln in Kellern aufbewahrt, so müssen diese kühl und trocken sein und eine gute Durchlüftung besitzen; außerdem muß eine Selbsterwärmung durch nicht zu hohe Aufschichtung der Kartoffeln vermieden werden, wobei sie zweckmäßigerweise nicht unmittelbar auf den Boden, sondern auf Lattenroste gelagert werden.

Kartoffelmieten sind vielfach der Kelleraufbewahrung überlegen, wobei es allerdings erforderlich ist, eine fortwährende Kontrolle der Temperatur mittels Mietenthermometer durchzuführen. Meistens wird die Kartoffelmiete oberirdisch mit einer Sohlenbreite von 1,5 m und dachförmig bis 1 m Höhe aufgebaut und die aufgeschichteten Kartoffeln mit einer 15 cm starken Schicht von Stroh bedeckt. Auf den First der Miete legt man einen mit ebenfalls einer starken Schicht Stroh bedeckten Erntebalken, worauf auf diese Strohlage (einschließlich des Firstes) eine 10 cm starke Erddecke gebracht und dann der Erntebalken herausgezogen wird. Der auf diese Weise gebildete Luftkanal bewirkt ein Ausdunsten an Wärme und Feuchtigkeit aus den eingemieteten Kartoffeln. Die Miete bleibt so lange so schwach bedeckt, bis die Kartoffeln genügend abgekühlt sind, und zwar auf eine Temperatur von 4—6° C. Bei starkem Frostwetter wird aus grobem Stroh oder Kartoffelkraut eine neue Isolierschicht aufgesetzt und anschließend nochmals mit einer

20—30 cm starken Erdschicht abgedeckt. Durch Verschließen der Giebelöffnungen des Firstkanals sowie weiteres Aufbringen von Kraut und Stroh wird die Miete auch bei starken Kälteperioden genügend geschützt. Da im Frühjahr sich die Kartoffeln infolge der Atmungstätigkeit erwärmen, wird man sie dann bis auf die letzte Strohschicht abdecken.

Wie schon erwähnt, darf die Temperatur auf keinen Fall unter 0° C sinken, da sonst die Kartoffel süß wird. Die Anhäufung von Zucker in der Kartoffel bei niederen Temperaturen ist darauf zurückzuführen, daß in der Kälte mehr Zucker gebildet als veratmet wird.

Zu beachten ist, daß auch bei bester Aufbewahrung der Vitamin-C-Gehalt der Kartoffel wesentlich abnimmt und im Juni z. B. nur einen Bruchteil der ursprünglichen Menge beträgt. Da die Kartoffel einen wichtigen Vitamin-C-Spender während der Winter- und Frühjahrsmonate darstellt, ist auf diese Tatsache entsprechende Aufmerksamkeit zu richten.

4. Die Aufbewahrung der Rüben

Was das Aufbewahren der Rüben anbelangt, so ist vor allem die Futterrübe gegenüber Frost am empfindlichsten. Rüben, die zur Verfütterung eingemietet werden, darf man nicht köpfen; denn die Schnittflächen gehen leicht in Fäulnis über und erhöhen die Atmungstätigkeit. Man dreht daher die Blätter ab und schneidet sie über dem Kopf ab. Die Lagerungsbedingungen der Rüben sind ähnlich wie bei den Kartoffeln durchzuführen, ebenso die Einmietung.

Da die Zuckerrüben meist rasch verarbeitet werden, kommt für sie im allgemeinen eine längere Aufbewahrung nicht in Frage. Ansonsten liegen bei dieser Pflanze die Verhältnisse bei der Aufbewahrung ähnlich wie bei der Kartoffel. Bei Futterrüben hat man gefunden, daß der Feuchtigkeitsgehalt von besonderem Einfluß auf die Haltbarkeit ist. Die Verluste an Trockensubstanz und Nährstoffen sind bei den wasserarmen Rüben im Winter geringer als bei den wasserreichen. In den wärmeren Monaten (März bis Juni) treten die größeren Verluste an Trockensubstanz und Zucker bei den wasserärmeren und nährstoffreicheren Rüben ein. Vom Standpunkt der Praxis aus empfiehlt es sich daher, die Rüben bis spätestens zum Frühjahr zu verfüttern, und zwar zuerst die wasserreicheren und später die zuckerreicheren. Man wird die Rüben an kühlen und trockenen Plätzen einmieten, wo sie vor Frost, aber nicht vollständig vor Luftzutritt geschützt sind. Doch muß man unter den Verhältnissen der Praxis mit einem Mindestverlust von 10 % rechnen, Fäulnis und Auskeimen nicht eingerechnet.

Am wenigsten sind die Möhren gegenüber Frost in der Erde empfindlich; man wird sie daher erst spät im Herbst einmieten, zumal die Möhren in der Miete leicht verderben und kühl aufbewahrt werden müssen.

5. Die künstliche Trocknung

Viele landwirtschaftliche Produkte können infolge ihres Wasserreichtums oder der langen Zeit, die sie zur Trocknung benötigen, mittels der natürlichen Sonnenwärme nicht getrocknet werden, z. B. Rüben, Rübenblätter, Kartoffeln und die Abfälle der landwirtschaftlich-chemischen Industrien. Zunächst hat man mit der künstlichen Trocknung der in der Zuckerindustrie anfallenden Rübenschnitzel gute Erfahrungen gemacht, später Schlempen, Pülpen und Biertreber auf diese Weise konserviert. Weiterhin wurde das künstliche Trocknungsverfahren auch auf Kartoffeln, Zuckerrüben, Rübenblätter und entbitterte Lupinen angewandt. Immer ist bei dieser Trocknung die Gefahr gegeben, daß bei Anwendung höherer Temperaturen eine Herabsetzung der Verdaulichkeit des Eiweißes auftritt; so zeigte z. B. Bülow[1], daß das Eiweiß eines Wiesenheues, an der Sonne getrocknet, zu 64 %, nach viertägigem Trocknen bei 55—60° C zu 65,5 %, nach viertätigem Trocknen bei 90° C zu 57,9 % verdaulich war. Zu ähnlichen Ergebnissen kam Volhard[2], der folgendes feststellte:

Wiesenheu		
normal geerntet	74,3 %	Verdaulichkeit des Proteins
bei 40° C getrocknet ..	70,9 %	„ „ „
bei 60° C getrocknet ..	67,4 %	„ „ „
bei 100° C getrocknet ..	61,6 %	„ „ „

1) K. Bülow, Journ. Landwirtsch. 48, 27 (1900).
2) J. Volhard, Landw. Versuchsstat. 58, 433 (1903).

Was die Apparaturen für die künstliche Trocknung anbelangt, so wird vielfach die Lufttrocknung angewandt, besonders dort, wo Gestalt und Art der zu trocknenden Stoffe es nicht leicht ermöglichen, die zur Verdampfung des zu entfernenden Wassers nötige Wärmemenge unmittelbar zuzuführen oder die Erhitzung nicht über eine gewisse Temperatur hinaus getrieben werden darf. Die zum Trocknen verwendete Luft muß die zu trocknenden Stoffe erwärmen, die nötige Verdampfungswärme dem zu verdampfenden Wasser zuführen und das verdunstende Wasser aufnehmen. Die Luft vermag um so mehr Wasserdampf aufzunehmen, je höher ihre Temperatur ist. Damit das Maximum an Wasser durch ein Minimum an Luft aus dem Trocknungsraum entfernt wird, muß sie den Raum so warm wie noch zulässig verlassen. Dabei muß aber die in den Trocknungsraum eintretende Luft so warm sein, daß ihre Abkühlung auf die Austrittstemperatur noch genügt, um den zu trocknenden Stoff zu erwärmen und gleichzeitig sein Wasser zu verdampfen. Naturgemäß wird, da der Wärmeaufwand beim Trocknen mit Luft gleich demjenigen für die Erhitzung von Luft ist, um so weniger verbraucht, je weniger Luft zur Trocknung benötigt wird. Von der Art des Trockengutes, aber auch von dem Grad, bis zu welchem diesem das Wasser entzogen werden soll, hängt die Höhe der Temperatur ab, auf welche die Luft erhitzt werden kann. Auch mit strömender Luft kann die Trocknung vorgenommen werden, wobei die nur zum Teil mit Wasserdampf beladene Luft so viel weitere Feuchtigkeit aufnimmt, bis sie gesättigt ist. Das Verfahren der Trocknung von Stoffen mit strömender Luft ist daher naturgemäß für solche Substanzen geeignet, die nur wenig Wasser (bis 30 %) enthalten und ihr Wasser leicht abgeben. Da erwärmte Luft viel mehr Feuchtigkeit aufzunehmen vermag, ist es selbstverständlich rationeller, Warmluft zum Trocknen zu verwenden.

Zum Trocknen landwirtschaftlicher Produkte verwendet man Rauchgase von Feuerungen, aber auch frischen Abdampf. Trocknung ohne Wärmezufuhr wird mittels Kanaltrockner, Trockentürme, Ranksilos und Schüttsilos durchgeführt, Trocknung mit Wärmezufuhr (Feuergase, Dampf, Abdampf) mittels Trommeltrockner, Hordentrockner, Röhrentrockner, Muldentrockner und Walzentrockenapparate.

Die Kanaltrockner bestehen aus einem langen rechteckigen Kanal von 3—4 m; er wird an der Längsseite einer Feldscheuer angebracht, an dessen Ende ein Holzturm als Kamin steht; durch den künstlichen Luftzug wird die Trocknung bewirkt. Die Trockentürme sind viereckige Türme aus 4 langen Stämmen, wobei der Luftzug durch Jalousien reguliert wird. Während die Kanaltrockner hauptsächlich zum Trocknen von Gras, Klee und Luzerne dienen, werden die Trockentürme zum Trocknen von Hopfenranken benutzt. Zur Trocknung von Getreide und Sämereien dienen hauptsächlich die Ranksilos, in denen ohne Rücksicht auf den Feuchtigkeitsgehalt das Getreide eingelagert werden kann, wobei von Zeit zu Zeit Frischluft in die Silozelle eingeblasen wird. Die kostspielige Handarbeit des Umschaufelns fällt hier vollständig weg.

Die Trommeltrockner werden zum Trocknen von Rübenschnitzeln, Kartoffeln, Rübenblättern und Rübenköpfen verwendet. Solche Trommeltrockner bestehen aus einem langen Walzenkessel, der sich um seine Längsachse dreht. Der Kessel wird von heißen Gasen durchstrichen, durch einen Rieseleinbau fällt dauernd das lose Gut durch die heißen Gase. Verbrennungsgase und Trockengut durchwandern in der gleichen Richtung, also im Gleichstrom, den Trockner.

Die Hordentrockner bestehen aus einem schmiedeeisernen Trockenschacht, in dem sich die zur Aufnahme des Trockengutes bestimmten Horden befinden. Durch einen Ventilator wird die Trockenluft in die Horden gesaugt. Die Horden, die das Trockengut enthalten, sind von oben nach unten in langsamer Bewegung, während welcher die Trocknung erfolgt. Meist werden mit diesem Hordentrockner Gemüse und Früchte getrocknet.

Zum Trocknen von Stoffen, die kein Quetschen vertragen, z. B. Süßlupinen oder gepreßte Kartoffeln, dienen die Röhrentrockner. Sie enthalten einen schrägliegenden Walzenkessel, der sich um seine Längsachse dreht und von Röhren durchzogen wird, in denen das zu trocknende Gut bewegt wird und die von Dampf umspült werden. Eine ähnliche Konstruktion haben die Muldentrockner.

Die Walzentrockenapparate bestehen aus zwei geheizten Walzen, die mit gespanntem Dampf geheizt werden. In dem zwischen den Walzen liegenden Verdampfungsraum wird durch Rührwerke die Trockenmasse aufgetragen, während ununterbrochen arbeitende Abstreifer einen Teil dieser Breischicht von der Auftragwalze abstreifen. Diese Walzentrockenapparate werden vor allem zum Trocknen breiiger Massen in dünner Schicht verwendet, wie Kartoffeln, Eiweiß und Milch; auf diese Weise werden in eigens für diese Zwecke konstruierten Kartoffeltrocknungsanlagen die Kartoffelflocken getrocknet; aber auch Produkte wie Schlempe trocknet man in solchen Walzentrocknungsapparaten. Falls die zu trocknenden Stoffe aber Temperaturen von 100° C nicht vertragen, so muß im Vakuum getrocknet werden. Wird der Luftdruck durch Luftpumpen auf 0,072 Atm. vermindert, so verdampft das Wasser schon bei 40° C, bei einer Spannung von 0,023 Atm. bei 20° C.

Schließlich sei noch das Krause-Verfahren erwähnt, das eine Gewinnung des getrockneten Produkts als staubfeines Pulver mit einem Wassergehalt von 1—5 % gestattet und vor allem zum Trocknen von Milch, Hefe, Eiern, Casein, Molken usw. dient. Durch einen Zerstäuber wird das betreffende Produkt feinst zerstäubt. Um aus diesen feinen Teilchen das Wasser zu entfernen, wird von unten und von der Seite ein Strom warmer Trockenluft zugeführt. Die Entfernung des Wasserdampfes erfolgt aus diesen Teilchen außerordentlich rasch; sie fallen auf den Boden des Trockenraumes bzw. werden durch eine Filteranlage von dem aufsteigenden Luftstrom getrennt und gesammelt. In neuester Zeit hat sich der von Prof. Dr. H. v. Sybel konstruierte Schub-Wendetrockner als vollmechanisierte Darre besonders bewährt.

6. Die Braunheubereitung

Bei ungünstigen Witterungsverhältnissen für die normale Dürrheubereitung wird vielfach die Braunheubereitung angewandt, da sie auch bei einem solchen Wetter noch eine brauchbare Futterkonservierung ermöglicht. Sie wird vor allem in norddeutschen Küstengebieten, aber auch in Holland, England und in niederschlagsreichen Gebirgsgegenden durchgeführt. Das Prinzip der Braunheugewinnung besteht darin, die bei der Atmung der noch lebenden Pflanzen, welche zu diesem Zweck in Haufen aufgeschichtet werden, entstehende Oxydationswärme zur Trocknung der noch im Futter verbliebenen Feuchtigkeit zu verwenden.

Das geschnittene Futter muß man zunächst auf einen Trockensubstanzgehalt von 50 % abwelken lassen. Die halbfeuchten Futtermassen werden zusammengepreßt, und die durch die Atmung und Gärung der noch lebenden Substanz auftretende Selbsterhitzung erzeugt eine starke Temperatursteigerung, die aber nicht über 80° C betragen soll. Um diese Vorgänge richtig ablaufen zu lassen, wird das Gras, ähnlich wie bei der Dürrheubereitung nach dem Mähen, in dünnen Schichten ausgebreitet und später nach 1—2 Tagen in Haufen abtrocknen gelassen. Das Futter wird dann schichtweise unter Festtreten auf einer Strohunterlage zum Schutz gegen die Feuchtigkeit aufgepackt. Um zu starke Erhitzung im Inneren des Haufens infolge übermäßigen Luftzutritts zu vermeiden und auch eine Schimmelbildung hintanzuhalten, muß die Lagerung des Futters möglichst gleichmäßig und fest erfolgen. Wie schon erwähnt, darf die Temperatur nicht über 80° C steigen, da durch eine zu starke Selbsterhitzung leicht eine Qualitätsverminderung des Futters auftritt. Diese Temperatur von 80° C wird innerhalb kurzer Zeit erreicht, besonders wenn man zum Schutz gegenüber Regenfällen die Diemen kegelförmig nach oben zulaufen läßt und mit einer Strohhaube abdeckt. Die Feuchtigkeitsabgabe läßt sich am Dampfen der Diemen erkennen, ein Vorgang, der etwa zwei Wochen dauert. Die Abkühlung des Futters bis zur Außentemperatur geht in ungefähr 6—10 Wochen vor sich, worauf das Braunheu verfüttert oder aufbewahrt werden kann. Zeigt das Braunheu eine dunkelbraune oder schwarzbraune Farbe, so war die Temperatur während der geschilderten Vorgänge zu hoch; dadurch treten nicht nur große Verluste an Nährstoffen auf, sondern auch deren Verdaulichkeit leidet, besonders diejenige des Rohproteins. Dagegen weist ein richtig bereitetes Braunheu eine hellbraune Farbe und einen aromatischen Geruch auf. Bei richtiger Durchführung sind die Verluste bei der Braunheubereitung nicht wesentlich größer als bei der Werbung des Dürrheus. Durch ungünstige Witterung verdorbenes Dürrheu kann nicht mehr für die Braunheuerzeugung verwendet werden. Die Braunheubereitung ist im allgemeinen nur als Notbehelf anzusehen; es ist rationeller, an Stelle dieses Verfahren das Heu auf Gestellen zu trocknen.

7. Die Brennheubereitung

Bei der Brennheubereitung oder dem Verfahren von Klappmeyer wird die durch Zusammenpressen des Grünfutters erzeugte Atmungs- und Gärungswärme zum Abtöten der Pflanzen verwendet. Wesentlich ist, daß die abgewelkten Pflanzen frei von Regen und Tau sind. Sie werden dann in mittelgroße Haufen zusammengetragen und fest gepreßt, worauf nach wenigen Tagen die Temperatur auf 70° C ansteigt. Ist diese Temperatur erreicht, so müssen bei sonstiger Gefahr der Verkohlung die Haufen auseinandergenommen und ausgebreitet werden. Die so abgetöteten Pflanzen trocknen leicht und rasch, wozu noch kommt, daß durch das schnelle Abtöten der Pflanzen die Verluste durch die Atmung sehr verringert werden. Selbstverständlich werden auch bei diesem Verfahren Verluste an Masse und verdaulichen Nährstoffen eintreten.

8. Die Gärfutterbereitung (Einsäuerung)

a) Allgemeines

Neben der natürlichen und künstlichen Trocknung ist die Gärfutterbereitung das wichtigste Konservierungsverfahren. Während bei den Trocknungsverfahren das Futter bis zur Lufttrockenheit oder absoluten Trockenheit ausgetrocknet wird, ist das Gärfutter frisch und saftig wie im ursprünglichen Zustand, und der Prozeß der Haltbarmachung beruht hier auf der Bildung organischer Säuren, in erster Linie der Milchsäure. Vielfach werden sogar die Eigenschaften des ursprünglichen Futters durch den Prozeß der Gärung verbessert; sperrige Pflanzen werden weicher, die Schmackhaftigkeit des Futters wird durch die Bildung organischer Säuren und Geschmacksstoffe vermehrt, der angenehme aromatische Geruch einer milchsäurehaltigen Futterkonserve erhöht den Appetit der Tiere. Aber selbst leicht verschimmeltes Grünfutter, erfrorene Kartoffeln oder sonst durch Fäulnis leicht verdorbenes Futter kann durch Einsäuern noch zu einer brauchbaren Nahrung für die Tiere werden.

Der Zweck der Gärfutterbereitung ist somit, frisches Grünfutter durch Gärung in ein haltbares Futter überzuführen, wobei man z. B. Sauerkartoffeln jahrelang einlagern kann, ohne daß dabei Verluste oder sonstige Schäden auftreten. Unter möglichst geringen Verlusten an Nährstoffen und unter tunlichster Erhaltung der ursprünglichen günstigen Eigenschaften eines Futters es in eine möglichst wertvolle und haltbare Konserve überzuführen, ist somit die Aufgabe der Gärfutterbereitung oder, wie dieser Prozeß auch genannt wird, Einsäuerung bzw. Silofutterbereitung oder Einsilierung. Die wesentliche Gärung, die das Futter bei diesem Prozeß durchzumachen hat, besteht in einer Milchsäuregärung. Alle anderen Gärungen, die nebenher verlaufen, sind fast durchweg nachteilig, mit Ausnahme einer in beschränktem Umfang sich abspielenden alkoholischen Gärung.

b) Die Milchsäure und die Milchsäuregärung

Wenn wir die wissenschaftlichen Grundlagen der Gärfutterbereitung erforschen wollen, ist besonders der Bedeutung und Bildung der Milchsäure Beachtung zu schenken, da ja ihre Erzeugung bei der Gärfutterbereitung die Hauptaufgabe dieses Prozesses darstellt.

Die Bildung der Milchsäure aus Glukose erfolgt in der Weise, daß durch Veresterung der Glukose mit Phosphorsäure zunächst Hexosemonophosphorsäure entsteht; durch Veresterung mit einem weiteren Molekül Phosphorsäure bildet sich dann Hexosediphosphorsäure. Diese Verbindung zerfällt in zwei Moleküle Triosephosphorsäure, aus der durch Dismutation und Abspaltung von Phosphorsäure Brenztraubensäure entsteht. Die Brenztraubensäure wird hierauf zur Milchsäure reduziert.

Die Bildung der Milchsäure aus Kohlenhydraten ist ein anaerober Prozeß. Sie kommt, wie daraus hervorgeht, in allen Zellen vor und ist infolgedessen keine körperfremde Substanz; sie wirkt im Organismus nicht giftig, zumal weil ein etwa schädlich wirkendes Übermaß sofort aus der Zelle wieder verschwindet. Überall im Organismus wirkt die Milchsäure der Fäulnis entgegen und unterdrückt die Entwicklung schädlicher Bakterien. Es ist bekannt, daß man im Magen-Darmkanal des Menschen durch Förderung der Entwicklung der Milchsäurebakterien die Tätigkeit der Fäulnisbakterien und anderer Krankheitserreger weitgehend unterdrücken kann. Durch den Verzehr pflanzlicher Nahrungsmittel, Milch, Sauermilcharten, Käse, Milchsäurebakterien und Milchzucker lassen sich die schon im Darm des gesunden Menschen vorhandenen Milchsäurebakterien vermehren, wodurch die Gasbildner und Fäulnisbakterien abnehmen, weshalb bei der Bekämpfung von Darmerkrankungen Milchsäurebakterienkulturen bzw. die genannten Nahrungsmittel verwendet werden. Die günstige Wirkung des Genusses der verschiedenen Sauermilcharten ist zweifelsohne auf die keimtötenden Eigenschaften der Milchsäure zurückzuführen. Es ist bekannt, daß Typhus-, Paratyphus- und Ruhrerreger bei einer gewissen Milchsäurekonzentration zugrunde gehen und die günstige diätetische Wirkung von Sauerkraut und anderen Milchsäure enthaltenden Nahrungsmitteln macht sich auch in der Entkeimung dieser Stoffe selbst geltend. Die Milchsäure wirkt ebenso in der Mundhöhle des Menschen und der Warmblüter unter den Tieren desinfizierend, desgleichen im Pansen der Wiederkäuer, wo sie durch Gärung entsteht. Viele menschliche Nahrungsmittel enthalten Milchsäure, nämlich außer der Sauermilch, dem Käse und Quark auch Sauerkraut, eingeweckte Gurken, Bohnen, Bier und vor allem das Brot. Durch die Milchsäure wird die Freßlust der Tiere angeregt, die Verdaulichkeit erhöht und Fäulnisbakterien unterdrückt.

Da die Kohlenhydrate das Substrat für die Milchsäurebildung darstellen, ist es verständlich, daß kohlenhydratreiche, eiweißarme Pflanzen besonders leicht einzusäuern sind. Solche Futter- bzw. Nahrungsmittel sind z. B. der Grünmais bzw. der Weißkohl. Die Pflanzen müssen vor der Silierung gut zerkleinert werden. Wesentlich ist ferner eine möglichst dichte und feste Lagerung in dem Silobehälter; je besser alle Hohlräume und Lücken geschlossen werden und die Ausschaltung der Luft ermöglicht wird, um so rascher und kräftiger setzt die Milchsäurebildung ein. Am günstigsten ist, wenn man so viel Pflanzensaft erzeugen kann, daß damit die Hohlräume zwischen den festen Bestandteilen ausgefüllt werden, was sowohl durch starke Zerkleinerung wie auch aus osmotischen Gründen durch Zufügung von Kochsalz erreicht werden kann. Meist werden bei entsprechend dichter Lagerung die geringen noch vorhandenen Luftmengen durch die noch weiter atmenden Pflanzen rasch verbraucht, so daß auch auf diese Weise anaerobe Bedingungen geschaffen werden.

Eine weitere Maßnahme zur Erzeugung einer einwandfreien Silierung ist ein guter Verschluß des Gärfutterbehälters, z. B. durch einen Preßdeckel und eine Preßvorrichtung oder durch Abdichten mit einer 30—40 cm dicken Lehmschicht, die bei Rissebildung immer wieder aufs neue verschmiert werden muß. Die Pressung des Futters ist besonders dann wichtig, wenn infolge geringen Wassergehaltes die Saftbildung unbedeutend bleibt. Da der Mais ziemlich wasserreich ist, wird schon in den ersten Stunden der Einlagerung eine lebhafte Vermehrung der Mikroorganismen auftreten, der gegenüber die Kohlensäureentwicklung durch die Pflanzen nur gering ist. Enthält das Futter viel Feuchtigkeit, tritt somit eine starke Saftbildung auf, und wird stark gepreßt, so füllt der Saft alle Hohlräume des Futters aus und die Atmung ist praktisch völlig unterdrückt, was eine sogenannte Kaltvergärung zur Folge hat.

Da die Zellen der geernteten Pflanzen noch weiterhin atmen und dadurch ständig Substanzverluste auftreten, so müssen Maßnahmen getroffen werden, um die Atmung möglichst zu unterdrücken, so wertvoll auch an und für sich die dadurch erfolgte Wegschaffung des Sauerstoffes im Gärfutterbehälter wäre. Man zerkleinert daher sorgfältig das einzusäuernde Futter und lagert es so fest und dicht im Silo, daß sich möglichst wenig Hohlräume bilden. Die geringe Menge an Luftsauerstoff, die dann noch im Futterstock vorhanden ist, muß allerdings durch Atmung entfernt werden, was in viel stärkerem Maße durch die Mikroorganismen als durch die einzusäuernden Pflanzen erfolgt. Da durch das Zerkleinern der Pflanzen und den dadurch bewirkten Saftaustritt den Kleinlebewesen reiche Nährstoffmengen und genügend Wasser für ihre Entwicklung zur Verfügung stehen, werden sie eine starke Atmung und lebhafte Kohlensäureentwicklung betätigen können. Außerdem werden die Hohlräume zwischen dem Futtermaterial durch den Sickersaft ausgefüllt, und dadurch wird ebenfalls der Sauerstoff verdrängt.

Das im Futter vorhandene Eiweiß kann auf zwei Wegen abgebaut werden, nämlich erstens durch Mikroorganismen, vor allem durch Fäulnisbakterien, und zweitens durch Pflanzenenzyme, die im Futter enthalten sind. Besonders der erste Weg ist gefährlich, weil die Fäulnisbakterien stark alkalisch reagierende Stoffe erzeugen, die die Milchsäure und die anderen Säuren neutralisieren und dadurch die vorteilhaft wirkenden Wasserstoffionen ausschalten; vielfach werden auch für die Tiere schädlich wirkende Stoffwechselprodukte gebildet.

c) Die Mikroorganismen der Gärfutterbereitung

aa) Milchsäurebakterien und echte Hefen. Die Milchsäurebakterien sind meist an Zahl den übrigen Mikroorganismen gegenüber im natürlichen Pflanzenbestand außerordentlich unterlegen; vielfach betragen sie kaum 1 % des Gesamtkeimgehaltes, weshalb auch die Methodik der Untersuchung ihrer Verbreitung schwierig ist. Wesentlich ist, daß sich die Milchsäurebakterien durch die Menge der Säure, die sie erzeugen, sehr voneinander unterscheiden. Man kennt echte und unechte Milchsäurebakterien. Diese greifen Eiweißstoffe an und bauen sie zu Fäulnisprodukten ab; manche von den unechten Milchsäurebakterien bilden Geruchs- und Schleimstoffe sowie Gase. Trotz ihrer Eigenschaft, auch Milchsäure bilden zu können, sind sie bei der Gärfuttererzeugung unerwünscht und als Gärfutterschädlinge anzusprechen. Dagegen benötigen die echten Milchsäurebakterien nur sehr wenig Eiweiß und erzeugen ihren Energiebedarf durch Spaltung von Kohlenhydraten zu Milchsäure:

$$\underset{\text{Glukose}}{C_6H_{12}O_6} = 2\,\underset{\text{Milchsäure}}{C_3H_6O_3} + 24\ \text{Cal}$$

Da somit dieser Prozeß nur wenig Energie erzeugt, sind die Milchsäurebakterien gezwungen, möglichst viel Milchsäure zu bilden, ein für die Gärfutterbereitung sehr erwünschter Umstand. Durch diese starke Säureproduktion wird eine systematische Auslese unter den übrigen Mikroorganismen getroffen, und schließlich bleiben nur jene Milchsäurebakterien übrig, die besonders stark säuern, bis auch sie zugrunde gehen. Scheunert und Schieblich[1] nennen diesen Vorgang, wobei von einer sehr artenreichen Bakterienflora eine solche übrigbleibt, die

---

1) A. Scheunert u. M. Schieblich, Über die bakteriellen Vorgänge bei der Silofutterbereitung. Tagesfragen der Futterkonservierung. Berlin 1925 (Paul Parey). — A. Scheunert u. M. Schieblich, Die bakteriellen Vorgänge bei der Gärfutterkonservierung. Arbeiten der DLG. H. 340, Einsäuerungsversuch 145 (1926).

fast nur aus Milchsäurebakterien besteht, eine „Umschichtung der Mikroflora'. Diese Umschichtung erfolgt in mehreren Stufen. Während zunächst eine Trennung zwischen den Fäulnisbakterien, die durch alkalische Reaktion begünstigt werden, und den eine saure Reaktion bevorzugenden Mikroorganismen eintritt, werden späterhin die schwächer säuernden durch die stärker säuernden zurückgedrängt, so daß am Schluß diejenigen stark säuernden unter den echten Milchsäurebakterien zurückbleiben, die eine Säuerung von der p_H-Zahl 3,5 bewirken und dem Futter den höchsten Grad von Haltbarkeit geben, der auf biologischem Wege überhaupt erreicht werden kann. Dieser günstige Zustand kann höchstens durch Eiweißabbau infolge der Tätigkeit von Pflanzenenzymen oder infolge Verzehr von Säure durch gewisse aerobe Mikroorganismen, wie Essigsäurebakterien, Kahmhefen und Schimmelpilze, gestört werden. Eine Impfung mit den echten, stark säuernden Milchsäurebakterien wird infolgedessen zum Gelingen der Gärfuttererzeugung beitragen, falls gleichzeitig günstige Lebensbedingungen für diese Mikroorganismen geschaffen werden.

Bei den echten Milchsäurebakterien kann man zwischen stäbchenförmigen und kugelförmigen unterscheiden. Die kugelförmigen heißen Milchsäurestreptokokken oder Laktokokken; der Hauptvertreter ist Streptococcus lactis. Die Milchsäuremikrokokken sind als schädlich zu bezeichnen. Die Laktokokken sind nicht so luftscheu wie die übrigen echten Milchsäurebakterien; sie produzieren weniger Säure als diese. Dagegen sind die stark säuernden echten Milchsäurebakterien lange Stäbchen und gedeihen am besten bei Luftabschluß; sie heißen „lange Milchsäurestäbchen" oder Laktobazillen. In der Bakteriologie nennt man im allgemeinen nur die sporenbildenden Bakterien Bazillen, während die nichtsporenbildenden Arten mit dem Gattungsbegriff Bacterium im engeren Sinne des Wortes bezeichnet werden. Nun sind alle echten Milchsäurebakterien nicht imstande, Sporen oder Dauerformen auszubilden. Daher ist vom strengen Standpunkt der modernen Systematik aus die Bezeichnung Laktobazillen für die stark säuernden echten Milchsäurebakterien falsch, da sie eben keine Sporen entwickeln. Sauerstoff ist für die Bildung von

Milchsäure nicht nötig, und es entsteht bei den Milchsäurebakterien daher um so mehr Säure, je weitergehend die Luft abgeschlossen wird. Die Laktobazillen gedeihen unter anaeroben Verhältnissen, säuern am kräftigsten und sind daher die besten Milchsäurebakterien für die Gärfutterbereitung. Sie sind aber keine obligaten, sondern nur fakultative Anaerobier. Unter aeroben Bedingungen wachsen sie aber, ebenso wie die Milchsäurestreptokokken, sehr langsam, während die unechten Milchsäurebakterien (Coli-Aerogenes-Arten) bei Luftanwesenheit rasch gedeihen. Die einzelnen Formen der Laktobazillen unterscheiden sich durch ihr verschiedenes Verhalten gegenüber freiem Sauerstoff bzw. Luftanwesenheit und Luftabschluß.

Wenn man bei der Gärfutterbereitung durch feines Häckseln des Futters, festes Einfüllen und Pressen und starke Sickersaftbildung möglichst anaerobe Verhältnisse schafft, werden Lebensbedingungen eintreten, die für die stark säuernden Laktobazillen besondes geeignet sind. Die echten unterscheiden sich von den unechten Milchsäurebakterien auch durch ihre Unbeweglichkeit, da sie im Gegensatz zu diesen über keine Fortbewegungsorgane (Geißeln) verfügen. Sie vermögen sich daher nicht so rasch auszubreiten wie andere Organismen, weshalb man für ihre gute Verteilung bei Zusatz von Milchsäurekulturen Sorge tragen muß.

Durch Streckung und Teilung vermögen sich die „langen Milchsäurebakterien“ vorwärtszuschieben und größere Strecken zurückzulegen, vorausgesetzt, daß die Pflanzen feucht genug sind, während bei Trockenheit die gleichmäßige Verteilung der Milchsäurevergärung im Silo leidet.

Praktisch wichtig ist die Unterscheidung der Milchsäurebakterien in Kaltmilchsäurebakterien und Warmmilchsäurebakterien. Die Kaltmilchsäurebakterien entwickeln sich, soweit sie Laktobazillen sind, am besten bei Temperaturen von 25—35° C und stellen bereits bei 38° C ihre Tätigkeit ein. Auch unter 25° C erzeugen sie noch Säure, doch bilden bei diesen Temperaturen dann die Laktokokken rascher Säure. Eine eigentliche Kaltvergärung tritt nur ein, falls jegliche Atmung durch Dichtlagerung und dadurch, daß alle Hohlräume zwischen den Pflanzenteilen mit Sickersaft gefüllt sind, ausgeschaltet wird. Von Haus aus kommen meist die Laktokokken in größerer Menge auf dem ursprünglichen Futter vor als die Laktobazillen. Nach stärkerer Säure- und Wärmebildung werden die Laktokokken von den Laktobazillen abgelöst. Diese Prozesse werden beschleunigt, wenn man das Futter mit einem Gemisch von Kalt- und Warmmilchsäurebakterien impft.

Die Warmmilchsäurebakterien fehlen auch im kaltvergorenen Futter nicht ganz; ihre obere Wachstumsgrenze liegt bei 52 bis 54° C. Sie gehören zwar zu den wärmeliebenden, nicht aber zu den wärmeerzeugenden Bakterien, weshalb ihre Anwesenheit von der Tätigkeit anderer wärmebildender Mikroorganismen abhängig ist, die dabei natürlich Substanzverluste bewirken. Wird diese Wärmeentwicklung so stark, daß die Temperatur über die obere Wachstumsgrenze der wärmeliebenden Milchsäurebakterien hinausgeht, so spricht man von Heißvergärung, bei welcher nicht mehr die Bildung von Milchsäure die Konservierung des Futters bedingt.

Bei der Heißvergärung können Temperaturen von 70° C und darüber entstehen. Die dann noch vorhandene Milchsäure stammt entweder von den echten Milchsäurebakterien vor Eintritt hoher Temperatur oder von unechten Milchsäurebildnern. Wärmeerzeugende unechte Milchsäurebakterien sind vor allem die Coliarten. Bei der Heißvergärung wird die Haltbarkeit des Futters hauptsächlich durch die Selbsterhitzung erreicht, wodurch die Entkeimung des Futters in ähnlicher Weise wie durch eine Säureanreicherung bewirkt wird. Es werden nicht nur alle Keime von wärmeempfindlichen Mikroorganismen abgetötet, sondern auch infolge Sauerstoffmangels die wärmeerzeugenden. Wegen seines geringen Säuregehaltes nannte man solches heiß vergorene Futter auch Süßpreßfutter oder Süßgrünfutter.

Sowohl bei der Warm- wie auch der Heißvergärung treten daher so große Verluste auf, daß am besten die Wärmebildung überhaupt bei der Gärfutterbereitung auszuschalten ist. Das Ideal einer richtigen und möglichst verlustlos durchgeführten Silierung ist daher eine Kaltvergärung bei Temperaturen von 25—35° C, gegebenenfalls auch darunter bei 15—25° C. Unter 15° C entwickeln sich leicht unechte Milchsäurebakterien und Gärfutterschädlinge. Die kugel- sowie stäbchenförmigen Milchsäurebakterien sind sogar imstande, Temperaturen von 0° C und weniger, ja selbst das Gefrieren des Futters zu vertragen. Das durch Kaltvergärung gewonnene Futter ist für die Tiere am bekömmlichsten, da es noch die Vitamine des Ursprungsfutters sowie dessen Geschmacksstoffe und Verdaulichkeit aufweist. Wenn somit die Bildung der Milchsäure ungefähr zwischen 0 und 54° C eintreten kann, so ist doch die Kaltvergärung weitaus die erstrebenswerteste Form der Silierung.

Neben den echten Milchsäurebakterien, die allein völlig zur Bildung einer guten Futterkonserve genügten, sind auch noch die echten Hefen oder Sproßpilze, die Erreger der alkoholischen Gärung, als nützlich zu betrachten. Diese Saccharomyces- und Torulaarten bilden mit den Laktobazillen eine Symbiose und geben dadurch beiden Organismengruppen eine bessere Lebensmöglichkeit. Bei gemeinsamem Wachstum von Hefen und Milchsäurebakterien gedeihen diese besser; außerdem bilden die echten Hefen erwünschte Aroma- und Geschmacksstoffe. Allerdings dürfen die Gärtätigkeit und der Zuckerverbrauch der Hefen nicht zu umfangreich werden, weil sonst den Milchsäurebakterien das notwendige Nährsubstrat für ihre Entwicklung fehlt. Die echten Hefen können sich unter aeroben wie unter anaeroben Verhältnissen entwickeln. Bei aerober Lebensweise vermehrt sich in erster Linie die Hefe, unter anaeroben Bedingungen ist die Gärung, also Kohlensäureentwicklung, groß. Die echten Hefen bilden neben Essigsäure auch Milchsäure.

bb) Schimmelpilze. Zu den Gärfutterschädlingen gehören die Schimmelpilze, die außerordentlich weit verbreitet in der Natur sind, zumal ihre Sporen schon wegen ihrer Leichtigkeit durch den Wind überallhin verweht werden und dadurch auch auf grünen Pflanzen vorkommen. Sie kommen mit dem Futter in die Gärbehälter; werden diese nicht nach jedesmaliger Benutzung entsprechend gereinigt, so gelangt bereits vom Anfang der Silierung an eine Fülle von Schimmelpilzen in das einzusäuernde Futter. Ihre Anwesenheit ist nicht nur deshalb so gefährlich, weil sie einen hohen Säuregrad ohne weiteres vertragen, sondern auch weil sie die organischen Säuren oxydieren und dadurch die Milchsäure systematisch vernichten. Sie benötigen für ihre Lebensweise viel Luft, sind somit ausgesprochen aerob, weshalb sie am besten bei nicht genügend fester Lagerung gedeihen können. Durch Verschlechterung des Geruches und Geschmackes des Futters verderben sie es und bewirken, daß es für die Tiere ungenießbar, ja zum Teil giftig wird. Die verbreitetsten Schimmelpilze sind die Penicillium- und Aspergillusarten. Das sicherste Mittel, um die Schimmelpilzwirkung auszuschalten, ist die Fernhaltung der Luft, somit die möglichst feste Einlagerung des Futters in die Gärfutterbehälter. Auch hohe Temperatur schützt nicht vor Schimmelpilzen, da es wärmeresistente Arten gibt, die selbst bei 60 und 70° C wachsen. Selbst Säurezusatz kann nicht vor Schimmelpilzen schützen, wenn die Lagerung schlecht ist.

cc) Buttersäurebakterien. Außerordentlich starke Schädlinge der Gärfutterbereitung sind die Buttersäure- oder Amylobakterien, die auf grünen Pflanzen stark verbreitet sind, besonders wenn diese reichlich Staub oder Erde aufweisen. Sie sind obligate Anaerobier, weshalb sie sich bei richtiger Lagerung des Futters im Silo und dadurch erzeugtem Mangel an Sauerstoff am besten vermehren. Da sie selbst Buttersäure, auch etwas Milchsäure erzeugen, werden sie durch die Tätigkeit der Milchsäurebakterien, somit durch deren Säureproduktion, nicht in ihrem Wachstum behindert. Die Buttersäure wirkt auf viele Mikroorganismen giftig, z. B. auf echte Hefen, die durch 0,5 % Buttersäure bei einer Einwirkungszeit von 1—1½ Stunden schweren Schaden leiden.

Die Milchsäurebakterien können sich der Ausbreitung der Buttersäurebakterien nur dadurch erwehren, daß sie größere Mengen an Säure und einen höheren Säuregrad erzeugen als diese, weshalb es für eine richtige Durchführung der Futterkonservierung wesentlich ist, daß die Milchsäurebakterien möglichst bald die Oberhand gewinnen, um die Buttersäurebakterien ausschalten zu können. Die Milchsäurebakterien säuern das Substrat bis zu einer

p_H-Zahl von 3,5 an, die Buttersäurebakterien bis 4,2. Aber die Buttersäurebakterien vermögen auch Eiweißstoffe abzubauen, wobei alkalisch reagierende Substanzen entstehen, was natürlich für das Gelingen der Gärfutterbereitung besonders schädlich ist.

Die Buttersäurevergärung spielt sich in großen Zügen nach der Formel ab:

$$\underset{\text{Glukose}}{C_6H_{12}O_6} = \underset{\text{Buttersäure}}{CH_3 \cdot CH_2 \cdot CH_2 \cdot COOH} + 2\,CO_2 + 2\,H_2;$$

es tritt somit eine wesentliche Gasentwicklung ein, was den Verlust von vielen Nährstoffen bedingt. Von den Buttersäurebakterien werden Stärke, Pektinsubstanzen und Zucker vergoren. Wegen ihres unangenehmen Geruchs und Geschmacks ist die Buttersäure eine höchst unerwünschte Verbindung, welche die Bekömmlichkeit und Verdaulichkeit des Futters wesentlich herabsetzt. Vor allem nehmen Milch- und Molkereiprodukte den Geruch von Buttersäure an, und die Milch wird für die Hartkäserei wegen starker Blähung des Käses unbrauchbar. Die Buttersäurebakterien sind in der Lage, unter ungünstigen Lebensbedingungen Sporen zu bilden und sich bei normalen Verhältnissen wieder zu entwickeln.

Die Buttersäurebakterien treten hauptsächlich in zwei Arten auf, nämlich als Clostridium tyrobutyricum, das Milchsäure und Laktate vergärt, und Clostridium saccharobutyricum, das Zucker zur Gärung braucht. Die erste Art tritt hauptsächlich neben Milchsäurebakterien auf, und die Milchsäure wird bei ihrer Vergärung folgendermaßen umgesetzt:

$$\underset{\text{Milchsäure}}{2\,CH_3 \cdot CHOH \cdot COOH} = \underset{\text{Buttersäure}}{CH_3 \cdot CH_2 \cdot CH_2 \cdot COOH} + 2\,CO_2 + 2\,H_2$$

Es tritt somit bei diesem Prozeß eine starke Gasentwicklung auf, und aus 2 Molekülen Milchsäure entsteht 1 Molekül Buttersäure. Da die Wachstumsgrenze der Buttersäurebakterien bei etwa p_H 4,2 liegt, so ist bis zu diesem Säuregrad die Möglichkeit gegeben, daß die Milchsäure von Clostridium tyrobutyricum zerstört wird und ein Ansteigen des p_H-Wertes mit seinen schädlichen Folgen eintritt.

Die Buttersäuregärung kann durch Verwendung von gründlich gereinigtem Ausgangsfutter (z. B. entsprechend gereinigten Rübenblättern), durch Zuckerzusatz und durch niedrige Gärtemperaturen unterdrückt werden. Das Optimum der Temperatur für die Buttersäurebakterien liegt zwischen 35 und 40° C. Führt man die Silierung als Kalt- oder Warmgärung durch, so gelangt man beide Male in Temperaturspannen, bei denen die Buttersäurebakterien nicht recht gedeihen. Das beste Mittel, um das Hochkommen der Buttersäurebakterien zu vermeiden, ist entsprechende Zerkleinerung des Futters, feste Einlagerung und reichliche Saftbildung durch Pressung, somit Faktoren, die eine einwandfreie Kaltvergärung ermöglichen. Die Warmvergärung ist dagegen immer unsicher, weil es schwer ist, die Temperaturgrenzen von 40—50° C sicher zu erreichen, ohne daß vorher schon eine wesentliche Buttersäurebakterien-Entwicklung eingetreten ist.

dd) Coli-Aerogenes-Bakterien. Weitere Gärfutterschädlinge sind ferner die Coli-Aerogenes-Bakterien, worunter man Bact. coli und Bact. aerogenes versteht. Bact. coli ist stets im Colon (Grimmdarm) vorhanden und bildet neben Essigsäure auch Milchsäure; man bezeichnet die Coli-Aerogenes-Arten daher auch als Darm-Milchsäurebakterien. Wenn sie für die Gärfutterbereitung auch nicht so schädlich wie Buttersäurebakterien und Schimmelpilze sind, so erzeugen sie doch Essigsäure, die in großen Mengen für den tierischen Organismus unzuträglich ist. Allerdings bilden auch andere Mikroorganismen Essigsäure, wie z. B. Milchsäurebakterien, Buttersäurebakterien und echte Hefen. Interessanterweise sind unter den Verhältnissen der Gärfutterbereitung an der Produktion von Essigsäure am wenigsten die eigentlichen Essigbakterien beteiligt, da sie hierzu aerobe Bedingungen brauchen und sie unter solchen anaerober Natur einen Stoffwechsel zu führen gezwungen sind, der ähnlich wie bei den Hefen zu Alkohol und Kohlensäure führt. Die Coli-Aerogenes-Arten, deren Mehrzahl Indol bildet, wodurch man sie leicht nachweisen kann, sind auf den grünen Pflanzen sehr zahlreich verbreitet. Unter einer p_H-Zahl von 4,5 ist ihr Wachstum eingestellt, wobei im übrigen die verschiedenen anorganischen und organischen Säuren unterschiedlich wirken. Ein rasches Hochkommen der Milchsäurebakterien und starke Bildung der Milchsäure ist somit, ähnlich wie bei den Buttersäurebakterien, das sicherste Mittel für ihre Bekämpfung. Da die Coli-Aerogenes-Bakterien sowohl bei aeroben wie auch bei anaeroben Verhältnissen gedeihen, ist auch Verdrängung des Luftsauerstoffes kein sicheres direktes Mittel zu ihrer Unterdrückung, höchstens indirekt insofern, als dadurch die Milchsäurebildung so stark gefördert wird, daß sie infolge der dadurch entstehenden hohen Säurekonzentration in ihrer Entwicklung unterdrückt werden. Die Coli-Aerogenes-Bakterien sind in ihrem Wachstum nicht nur an verschiedenen Sauerstoffbedarf und an verschiedene Reaktionen des Nährsubstrates angepaßt, sondern ebenso an verschiedene Ernährung insofern, als beim Mangel an Zucker von ihnen auch Eiweiß abgebaut werden kann, was natürlich den Prozeß der Gärfutterbereitung empfindlich beeinträchtigt.

Da nach den Befunden von Ruschmann[1] nur etwa 0,3 bis 0,4 % Essigsäure von der Tätigkeit der Milchsäurebakterien herrühren, ist ein hoher Gehalt an Essigsäure meist auf die Produktion durch die Colibakterien zurückzuführen; die optimale Temperatur der Coli-Aerogenes-Arten liegt zwischen 27—35° C. Diese Mikroorganismen erzeugen auch Wärme im Grünfutter, Heu und Laub; nach den Feststellungen von Miehe[2] ist die Selbsterwärmung des Heus vor allem auf die Wirksamkeit von Bact. coli forma foenicola zurückzuführen, weshalb zur Durchführung einer richtigen Kaltvergärung des Gärfutters wesentlich ist, ihre Entwicklung durch rasches Hochkommenlassen

1) G. Ruschmann, Futterkonservierung 3, 237 (1932).
2) H. Miehe, Die Selbsterhitzung des Heus. Jena 1907 (G. Fischer).

der Milchsäurebakterien einzudämmen. Dazu kommt noch, daß ein Vertreter der Coligruppe, das auf grünen Blättern, Stengeln und Samen weitverbreitete Bact. herbicola, durch seine Schleimbildung besonders unangenehm für die Gärfutterbereitung ist, allerdings meist leicht von den Milchsäurebakterien unterdrückt wird. Die Schädlichkeit der Coli-Aerogenes-Bakterien ist mithin eine große; sie erzeugen nicht nur viel unerwünschte Essigsäure, sondern zerstören auch wertvolle Nährstoffe, vor allem Eiweiß und Kohlenhydrate. Sie nehmen den Milchsäurebakterien die Zuckerarten weg und erzeugen qualitätsvermindernde Geruchs- und Geschmacksstoffe. Sie produzieren aber neben Essig- und Milchsäure auch noch Propionsäure und Bernsteinsäure, Kohlensäure und Methan und sind überhaupt in ihrem Verhalten noch unbeständiger als die Milchsäure- und Buttersäurebakterien; einzelne Vertreter sind zu einer starken Gasentwicklung befähigt, was eine besonders starke Verlustquelle darstellt, andere wiederum nicht.

Für gewöhnlich ist es schwer, die im Anfangsstadium der Silofutterbereitung durch Coli-Aerogenes-Bakterien entstehenden Gärungen auszuschalten. Wie R u s c h m a n n[1] zeigte, ist dies durch Ansäuern des Futters mit Mineralsäuren möglich, weil dadurch sofort eine niedrigere pH-Zahl und Dichtlagerung des Futters erreicht wird und als Folge davon eine rasche Säuerung durch die Milchsäurebakterien eintritt. Auch durch Impfen des Futters mit Milchsäurebakterien lassen sich gute Erfolge erzielen.

Gefährlich ist weiterhin die Bildung von Mercaptan und Skatol durch die Coli-Aerogenes-Bakterien, weil diese stark riechenden Stoffe schon in geringen Mengen das Futter für die Tiere gesundheitsschädlich machen. Auch die Erzeugung von Schleimstoffen hat den Nachteil, daß damit eine Zersetzung und Aufweichung der Pflanzen verbunden ist und sie sich mit einem schleimig-schmierigen Überzug bedecken. Die Vernichtung der zum Teil sogar pathogenen Bakterien der Coli-Aerogenes-Gruppe bei der Gärfutterbereitung ist daher ein Umstand, der den gesundheitlichen Wert des Futters steigert, weil dadurch von den vielen Keimen, die auf dem ursprünglichen Futter vorhanden sind, praktisch nichts zurückbleibt.

Wie schon angedeutet, können sich normalerweise die echten Essigsäurebakterien im Gärfutter wegen Luftmangels nur schlecht

---

1) G. Ruschmann, Landw. Jahrbücher **78**, 169 (1933).

oder nicht entwickeln, da sie aerob sind. Die kleinen Mengen Essigsäure, die für gewöhnlich im Gärfutter vorkommen, werden von Milchsäurebakterien und Hefen gebildet; etwas mehr von dieser Säure erzeugen Coli-Aerogenes-Arten und Buttersäurebakterien. Allerdings vermögen im Notfall die echten Essigsäurebakterien bei Luftabschluß, ähnlich den Hefen, Alkohol und Kohlensäure, aber nur sehr wenig Essigsäure zu erzeugen und sie können dann auch unter anaeroben Verhältnissen ein Fortkommen finden. Falls die Essigsäurebakterien jedoch ihren aeroben Stoffwechsel im Gärfutter durchführen, wirken sie dadurch sehr schädlich, daß sie eine sogenannte Überoxydation einleiten können, d. h. sie oxydieren die gebildete Essigsäure zu Kohlensäure und Wasser. Auf diese Weise vermögen sie auch andere organische Säuren zu vernichten und gleichen diesbezüglich den Kahmhefen und Schimmelpilzen. Wenn sich in einem Gärfutter somit Essigsäurebakterien entwickelt haben, ist die Gefahr gegeben, daß beim Öffnen des Silos die Milchsäure und die anderen Säuren von ihnen oxydiert werden und damit die Haltbarkeit des Gärfutters eine schwere Einbuße erleidet.

ee) Unechte Hefen (Kahmhefen). In ähnlicher Weise gefährlich wirken auch die unechten Hefen, Kahmhefen oder Mycoderma-Arten und die Gattung Oidium. Wegen ihrer aeroben Lebensweise vermehren sie sich hauptsächlich an der Futteroberfläche, entwickeln unerwünschte Geschmacks- und Geruchsstoffe und oxydieren organische Säuren. Als praktische Folgerung aus diesen Erkenntnissen ist somit zu beachten, daß man auch das richtig erzeugte Gärfutter nach Fertigstellung gut abdecken und luftdicht aufbewahren muß.

ff) Aerobe sporenbildende Fäulnisbakterien. Was die aeroben Fäulnisbakterien oder luftliebenden Sporenbildner anbelangt, so vermögen sie sich so lange nicht zu entwickeln, als die Reaktion sauer ist, da diese Organismen nur bei neutraler oder alkalischer Reaktion zum Wachstum gelangen. Eine schnelle Säurebildung durch die Milchsäurebakterien ist die beste Art ihrer Bekämpfung bei der Gärfutterbereitung, zumal sie an die Temperatur keine besonderen Ansprüche stellen und sich, was ihr Wärmebedürfnis anbelangt, im Notfall auch bei der Kaltvergärung entwickeln können. Die bekanntesten Vertreter der luftliebenden Sporenbildner sind Bac. vulgatus, Bac. mesentericus, Bac. mycoides, Bac. subtilis und Bac. megatherium.

gg) Aerobe nicht sporenbildende Fäulnisbakterien. Aber auch aerobe, nicht sporenbildende Fäulnisbakterien finden sich auf pflanzlichen Stoffen, wie vor allem Bact. fluorescens, Bact. putidum, Bact. pyocyaneum, Bact. vulgare (Proteus vulgaris). Normalerweise gehen sie nach rascher Einsetzung der Milchsäurebildung restlos zugrunde, da sie keine Sporen auszubilden vermögen und gegen Säure ebenfalls sehr empfindlich sind.

Man hat gefunden, daß bei der Gärfutterbereitung auf Weidegras ursprünglich vorhandene pathogene Mikroorganismen, wie die Erreger der Maul- und Klauenseuche oder des seuchenhaften Verkalbens (Bac. Bang), mit Sicherheit vernichtet werden. Auch durch Versetzen des ursprünglichen Futters mit Mineralsäuren oder Impfung mit Milchsäurebakterien bei Gegenwart von Zucker wird die Tätigkeit der nicht sporenbildenden Fäulnisbakterien wirkungsvoll unterdrückt.

hh) Anaerobe sporenbildende Fäulnisbakterien. Die anaeroben sporenbildenden Fäulnisbakterien entwickeln sich bloß bei Luftabwesenheit; da ihre Sporen durch die Milchsäure nicht vernichtet werden, können sie sich jederzeit in ihre vegetativen Formen verwandeln, wenn für sie günstige Bedingungen eintreten, z. B. bei zu schwacher Säuerung oder Bildung von Fäulnisprodukten bei eiweißreichem Futter. Gute Säuerung tötet ihre vegetativen Formen; haben sie jedoch in einem Futter die Oberhand gewonnen, so ist dieses für die Tiere gesundheitsschädlich.

d) Die Ernährung der Kleinlebewesen

Die biologische Betrachtung des Gärfutterverlaufes hat gezeigt, daß eine der wesentlichsten Faktoren einer guten Gärfutterbereitung die Förderung der Milchsäurebildung und damit die Entwicklung der stark säuernden Milchsäurebakterien ist. Je besser deren Umweltsbedingungen und deren Ernährung sein werden, um so vorteilhafter wird daher die Silofutterbereitung vor sich gehen. Der Bau- und Betriebsstoffwechsel der Milchsäurebakterien muß daher weitgehend befriedigt werden. Normalerweise stehen ihnen im Pflanzenreich genügend Nährstoffe zur Verfügung, besonders wenn es sich um sehr saftreiches Ausgangsfutter handelt. Falls das ursprüngliche Grünfutter saftarm ist oder die Sickersaftbildung nicht richtig nach erfolgtem Häckseln in Gang kommt, muß durch entsprechende Maßnahmen der Sickersaftaustritt gefördert werden, wobei es wesentlich ist, daß die Sickersaftbildung auf der ganzen Oberfläche der Pflanzen eintritt. Ist das einzusäuernde Futter zu trocken, so ist die Gefahr gegeben, daß sich die Schimmelpilze stärker als die Bakterien entwickeln; denn die untere Feuchtigkeitsgrenze liegt für die Bakterien bei 30—35 %, für die Pilze bei 12—15 % Wasser.

Da die Milchsäurebakterien und Hefen für ihren Baustoffwechsel, besonders aber für ihren Betriebsstoffwechsel, viel Phosphorsäure benötigen, ist der Bedarf an Phosphat-Ionen groß. Sowohl die alkoholische wie auch die Milchsäuregärung kommen nur zustande, wenn der Zucker durch Phosphorylierung in leicht aufspaltbare Zuckerphosphorsäureester übergeführt wird. Je besser die Versorgung (innerhalb gewisser Grenzen) mit Phosphat-Ionen, desto rascher erfolgt der Ablauf der Gärungsvorgänge. Wenn auch für gewöhnlich der Gehalt der Pflanzensäfte an Phosphorsäure für diese Prozesse ausreicht, so kann in saftarmen Pflanzen bei großer Verdünnung des Saftes infolge Regens dieser Nährstoff ins Minimum kommen, weshalb manchmal der Zusatz von freier Phosphorsäure oder phosphorsäurehaltiger Melasse von Nutzen sein kann.

Für die Aufrechterhaltung des Betriebsstoffwechsels der Milchsäurebakterien ist unbedingt eine genügende Versorgung mit einer Kohlenstoffquelle erforderlich, wobei am günstigsten die Monosaccharide wirken. Es genügt nicht, daß lediglich so viel Zucker vorhanden ist, um die Hauptgärung, somit die Erreichung einer p_H-Zahl von 3,5 möglich zu machen. Auch späterhin muß Milchsäure gebildet werden, um eine Abnahme des Säuregrades zu verhindern, weshalb auch hierfür noch Zucker zur Verfügung stehen muß; ein Umstand, der vielfach erst die Haltbarmachung des Futters ermöglicht.

Besonders bei dem ernährungsphysiologisch wertvollsten, nämlich dem eiweißreichen Futter ist die enorme Gefahr vorhanden, daß nicht genügend Kohlenhydrate für die Milchsäurebildung zur Verfügung stehen und daher aus Mangel an Milchsäure die Fäulnisbakterien die Oberhand gewinnen. Ein Zusatz von Zucker und Impfen mit Milchsäurebakterien oder ein Zusatz anorganischer oder organischer Säuren sind in solchen Fällen nötig. Daher bestimmt das Eiweiß-Kohlenhydrat-Verhältnis einer Pflanze in erster Linie ihre Eignung zur Gärfutterbereitung, exakter ausgedrückt, ihr Gesamtstickstoff- (Rohprotein-) Kohlenhydrat-Verhältnis; denn lösliche Stickstoffverbindungen begünstigen die Entwicklung der für die Silierung schädlichen Mikroorganismen noch stärker als echtes Eiweiß. Da aber gerade unter unseren heutigen Verhältnissen die Einsäuerung eiweißreicher Haupt- und Zwischenfrüchte von allergrößter Bedeutung für die Ernährung insbesondere unserer Milchtiere ist, müssen Maßnahmen getroffen werden, um solches von Haus aus schwierig einzusäuerndes Futter in einwandfreies Gärfutter überzuführen.

Die Einsäuerung älterer Pflanzen ist schon aus ernährungsphysiologischen Gründen deshalb abzulehnen, da man die Pflanzen in jenem Zeitpunkt als Futterpflanzen schneiden wird, wenn sie ihren größten Nährwert aufweisen, also zur Zeit der Blüte oder kurz vorher, während welcher Zeitspanne der Eiweißgehalt am größten und der Rohfasergehalt am niedrigsten ist, somit am meisten verdauliches Eiweiß und verdauliche Nährstoffe geerntet werden. Zu spät geschnittenes Futter ist auch wegen seiner starken Verholzung und geringen Sickersaftbildung nur schwer einzusäuern, und ein Zusatz von 2 bis 4 % Melasse wird sich empfehlen, da infolge des geringeren Feuchtigkeitsgehaltes verholzter Zellen die Durchfeuchtung des Futters mit seinem Sickersaft nur gering sein wird. Eine bestimmte Feuchtigkeitsmenge im Futter ist daher für seine gute Silierbarkeit wesentlich, und der optimale Feuchtigkeitsgehalt kann mit 75 % bezeichnet werden, darf aber nicht kleiner als 65 % sein. Da die Haltbarkeit des Futters auf dem vergorenen Sicker- oder Preßsaft beruht und die von Milchsäurebakterien hervorgerufenen Gärungen in dem ausgetretenen Saft und nicht innerhalb der Gewebe stattfinden, ist auch ein Gehalt der Pflanzen von 85 % Wasser und darüber nicht als zu hoch zu betrachten. Selbstverständlich darf nicht so viel Wasser vorhanden sein, daß dadurch eine zu starke Verdünnung der für die Milchsäurebakterien nötigen Nährstoffe auftritt, weil sonst kein rasches und kräftiges Einsetzen der Milchsäuregärung eintreten kann. Die Tatsache, daß eiweißreiche Pflanzen um so schwieriger zu silieren sind, je mehr Saft sie enthalten und je jünger sie sind, ist darauf zurückzuführen, daß sie in diesem Stadium am meisten Eiweiß und eiweißlösende Enzyme besitzen.

Je sperriger und reifer das Futter ist, desto schwieriger ist, trotz feinster Häckselung, die Luft daraus zu entfernen, was zu gefährlichen Nebengärungen führen kann, besonders bei eiweißreichen Pflanzen. Feste und lückenlose Lagerung des Futters und damit Ausschaltung von Luft aus dem Futterstock ist für eine einwandfreie Gärfutterbereitung so wichtig, daß diese Maßnahme durch keine anderen Vorsichtsmaßregeln, z. B. Einbringen von Sicherungszusätzen, ersetzt werden kann; ist viel Luft im Futterstock, so sind die dadurch bewirkten Fehlgärungen nicht zu paralysieren, auch nicht durch Zugabe von Sicherungszusätzen.

e) Die Temperatur der Gärfutterbereitung

Was die Temperatur anbelangt, so unterscheidet man bei der Silofutterbereitung das Kalt-, Warm- und Heißgärverfahren. Die wärmeerzeugenden Bakterien und Pilze vermögen Temperaturen bis zu 70° C zu erzeugen, und die Entwicklung solcher Mikroorganismen muß unbedingt ausgeschaltet werden. Es ist sehr schwer, eine auf etwa die Temperatur von 45° C eingestellte Warmvergärung durchzuführen, da dies von viel zu vielen zum Teil kaum zu beherrschenden Faktoren abhängt und selbst im günstigsten Fall die Temperatur der Gärung dauernd überwacht werden muß; denn unter 40° C entwickeln sich die Buttersäure- und Coli-Aerogenes-Arten, über 50° C hört die Milchsäuregärung auf. Die bei 60—70° C sich abspielende Heißvergärung ist wesentlich einfacher als die Warmvergärung durchzuführen, indem man nämlich die Bedingungen für die Selbsterhitzung optimal gestaltet; denn diese Temperaturen der Heißgärung liegen etwa an der oberen Grenze der durch Gärung überhaupt zu erzeugenden Wärmegrade. Will man allerdings eine reine Milchsäuregärung erhalten, so ist die Heißvergärung abzulehnen.

Die Durchführung der Kaltvergärung gewährt weitaus die beste Aussicht für eine einwandfreie Milchsäuregärung und bewirkt die geringsten Nährstoffverluste, nämlich kaum solche an Eiweiß und nur etwa 10 % vom Stärkewert; sie ist unter der Voraussetzung, daß die Prozesse im Futterstock streng anaerob durchgeführt werden, verhältnismäßig leicht zu erreichen. Durch Verwendung hoher Behälter und dichtes Auffüllen großer Schichthöhen wird auch der Eigendruck des Futters in den Dienst der Luftverdrängung gestellt; der Saft tritt stärker aus und erfüllt besser die Hohlräume. Völtz, der Erfinder des Kaltgärverfahrens, hat durch seine Arbeiten[1] gezeigt, daß es leicht gelingt, die Temperatur niedrig zu erhalten, und er hat das Kaltgärverfahren auch „Normalsauerfutterbereitung" genannt[2]. Da nur im Kaltgärverfahren von einer reinen Milchsäuregärung gesprochen werden kann, enthält kaltvergorenes Futter größere Mengen Milchsäure als warmvergorenes; so fand Völtz[3] in einem Gärfutter bei Kaltvergärung 2,36 % Milchsäure; bei gleichem Ausgangsfutter, aber Warmvergärung, 1,54 % Milchsäure. Die völlige Verdrängung von Luft aus den Hohlräumen durch starke Sickersaftbildung kann auch durch Pressen des Futters oder durch sein weitestgehendes Zerkleinern vor dem Einfüllen in die Behälter zu einem Brei erreicht werden, wobei vom Standpunkt der Tierernährung wegen der zu beobachtenden Verweigerung breiigen Futters seitens des Wiederkäuers die erstere Maßnahme wohl vorzuziehen ist. Auch durch Säurezusatz wird infolge rascher Abtötung des Futters und dessen dadurch bewirkter Zusammenballung die Bildung von Hohlräumen vermieden und die Sickersafterzeugung gefördert, wodurch eine einwandfreie Kaltvergärung durchgeführt werden kann.

f) Die Bedeutung der Kohlensäure

Auf die Haltbarkeit und das Haltbarmachen des Futters hat neben der Milchsäurebildung die Entwicklung von Kohlensäure einen großen Einfluß. Bei unzureichender Bildung von Kohlensäure ist die Gefahr gegeben, daß die säurezehrenden Mikroorganismen ihre Tätigkeit entwickeln und dadurch die Haltbar-

---

1) W. Völtz, Arbeiten der Landwirtschaftskammer der Provinz Ostpreußen Nr. 50 (1926).

2) Vgl. auch W. Kirsch und H. Hildebrandt, Die Silofutterbereitung nach dem Kaltgärverfahren. Berlin 1930 (P. Parey).

3) W. Völtz, Verhandlg. 48. Hauptversamml. Verb. landw. Versuchsstat. Goslar, 115 (1927). Berlin 1928 (P. Parey).

keit des Futters leidet. Neben der Atmung der Pflanzen liefern vor allem die Hefen stets Kohlensäure. Da diese Säure $1^{1}/_{2}$mal schwerer als die Luft ist, wird sie sich in dem Raum unmittelbar über dem Futter ansammeln und gegebenenfalls eine Schicht von 1—2 m bilden. Alle Maßnahmen zur Erzeugung genügender Mengen von Kohlensäure sind somit von wesentlicher Wichtigkeit für die Gärfutterbereitung. Um eine möglichst weitgehende Erhaltung der gebildeten Kohlensäure zu erzielen, wendet man das Pressen des Futters, die Saftbildung und den Einbau von Behälterverschlüssen an, Maßnahmen, wie sie in den Verfahren mit luftdichtem Deckelverschluß, z. B. dem Moravia-Verfahren und der Konstruktion des Aurich-Behälters, zum Ausdruck kommen[1]. Bei Behältern, die mit besonderen Einrichtungen zur Erhaltung der Kohlensäure versehen sind, ist ein sonstiger Säurezusatz zum Futter nicht nur überflüssig, sondern sogar schädlich; denn durch die Ansäuerung mit starken Mineralsäuren werden die Atmung der Pflanzen und das Bakterienleben weitgehend ausgeschaltet, was für die Kohlensäurebildung natürlich ungünstig ist.

Nach dem Öffnen großer Silos ist schon normalerweise der Einstieg sehr gefährlich, weil über dem Gärfutter stets Kohlensäure in großen Mengen sich ansammelt, weshalb vor dem Betreten des Futterbehälters zur Verhinderung von Unglücksfällen mit einer brennenden Kerze die Anwesenheit von Kohlensäure nachzuprüfen ist. Bei Verwendung von Kohlensäure als Zusatzmaterial ist natürlich die Gefahr von Erstickungsfällen durch Kohlensäureanreicherung noch weitaus größer.

g) Sicherungszusätze

aa) Anorganische und organische Säuren. Zuckermangel, Eiweißreichtum und Verunreinigung des Futters mit Fäulnis- bzw. Fäkalflora können vielfach eine langsame bzw. ungenügende Milchsäuregärung in den Pflanzen bewirken, weshalb die Zugabe von Sicherungszusätzen nötig ist.

Ursprünglich hat man starke anorganische Säuren verwendet, aber später ist man aus ernährungsphysiologischen Erwägungen zu organischen Säuren übergegangen. Die anorganischen Säuren sind ausgezeichnete Mittel zur sicheren Einsäuerung von eiweiß-

1) H. Hoffmann, Der Grünfutterbehälter. Stuttgart 1928 (E. Ulmer). Vgl. auch G. Ruschmann, Landw. Jahrbücher **88**, 135 (1939).

reichem Grünfutter. So brauchbar sie rein silotechnisch sind, so haben sie neben Schwierigkeiten hinsichtlich ihrer Handhabung und der Gefahr, daß sie die Behälterwände angreifen, weshalb diese mit einem säurefesten Schutzanstrich versehen werden müssen, den großen Nachteil, daß mit ihnen unverbrennliche anorganische Anteile (anorganische Anionen) in das Futter gelangen, wodurch das Säure-Basen-Gleichgewicht des Organismus in ungünstiger Weise verschoben wird. Eine dauernde Fütterung mit einer solchen Nahrung von Säureüberschuß wird, wenn nicht für Zufuhr entsprechender Basen, vor allem von kohlensaurem Kalk, in der Nahrung gesorgt wird, den Basenhaushalt des Organismus angreifen und zur Demineralisierung des Knochensystems führen[1].

Von anorganischen Säuren hat man früher hauptsächlich verwendet:

Defulösung (Defu = Deutsche Futterkonservierungs-Gesellschaft, Verden a. d. Aller), eine Mischung von Salzsäure und etwas Phosphorsäure in flüssiger Form. Die Lieferung erfolgte in Flaschen zu 60 kg. 1 kg Defu mußte mit 4—5 Liter Wasser verdünnt werden.

Penthesta rot, SO_3, Schwefelsäure in fester Form, in Büchsen.

Biosil, Schwefelsäure durch Kohle aufgesogen, pulverförmig, in Blechtrommeln.

Penthesta grün, Salzsäure und etwas Phosphorsäure in fester Form in Büchsen.

A.I.V.-Lösung, benannt nach dem finnischen Forscher A. I. Virtanen. Salzsäure und Schwefelsäure in flüssiger Form in Flaschen. 1 Ballon (50 Liter) reicht aus bei Luzerne für 5,5 cbm, bei Serradella für 7 cbm, Klee, Lupinen, Wicken für 8 cbm, Rübenblätter für 13 cbm. 1 Teil A.I.V.-Lösung wird mit 7 Litern Wasser verdünnt.

Man ist aus den schon erwähnten Gründen dazu übergegangen, organische Säuren, die ja mit Ausnahme der Oxalsäure, Hippursäure und Harnsäure im Organismus oxydiert werden, als Sicherungszusatz zu verwenden, wobei sich als bestes Mittel Ameisensäure bewährt hat, die unter dem Namen Amasil in den Handel kommt. Amasil wird meist als 90%ige Rohameisensäure erzeugt.

[1] K. Scharrer, Tierärztl. Umschau 2, Nr. 17/18 (1947).

Der Säurezusatz hat die Aufgabe, durch Herabdrücken der p_H-Zahl des Futters auf etwa 3,5 die Gärfutterschädlinge, die bei höherer p_H-Zahl ihr Optimum haben, in ihrer Einwirkung zu unterdrücken und dadurch den Milchsäurebakterien eine möglichst rasche und kräftige Entwicklung zu ermöglichen. Auf keinen Fall sollen sie die biologische Säuerung, welche durch die Milchsäurebakterien ausgelöst und durchgeführt wird, ersetzen, sondern gerade diesen Organismen günstige Lebensbedingungen ermöglichen. Die richtige und ausreichende biologische Säuerung ist mithin das Endziel jeder Gärfutterbereitung, auch dann, wenn wir Säurezufuhr als Sicherungsmittel anwenden; es soll eben gerade der richtige Verlauf der biologischen Säuerung dadurch gesichert werden.

Sicherungszusätze in flüssiger Form durchdringen natürlich das Futter besser als es ein festes Pulver, wenn auch noch so fein und gründlich verteilt, bewerkstelligen kann. Andererseits ist vom rein arbeitstechnischen Gesichtspunkt aus der Transport eines festen Sicherungszusatzes und sein Ausstreuen einfacher und bequemer als das Arbeiten mit flüssigen Mitteln.

Nicht nur die Höhe des Eiweiß-, sondern auch die des Basengehaltes eines Futters erfordert verschiedene Mengen an Sicherungszusätzen. Je höher beide Werte sind, desto größer muß die Menge des zuzuführenden Sicherungszusatzes sein. Je mehr Eiweißstoffe und Basen ein Futter enthält, desto schwieriger ist es an und für sich zu silieren und desto höher muß der Säurezusatz sein, um den nötigen p_H-Wert von 3,5 zu erreichen. Die Pflanzensäfte zeigen meist schwach saure Reaktion, d. h. ihre p_H-Zahl liegt meist bei 6—7. Je besser gepuffert sie sind, desto mehr Säure ist notwendig, um die p_H-Zahl von 3,5 zu erhalten. Die Gesamt-Alkalität eines Futters setzt sich aus der Erdalkalität und der Alkali-Alkalität zusammen. Sie schwankt bei den gleichen Pflanzen sehr und hängt vom Boden, von der Witterung und der Schnittzeit ab. Früh geschnittenes Futter hat eine geringere Alkalität als spät geschnittenes. Die Erdalkalität ist in trockenen Jahren größer als in feuchten.

Nach Ruschmann[1] unterscheidet man zwei grundsätzlich verschiedene Arten der Säureanwendung, nämlich die Methode des finnischen Forschers A. I. Virtanen und das sogenannte Ansäuerungsverfahren.

Virtanen setzt so viel Säure zu, daß nach einigen Stunden eine p_H-Zahl von etwa 3,0—4,0, somit durchschnittlich 3,5, erhalten wird, wodurch die Pflanzenatmung fast gänzlich und die Wirkung der Proteasen restlos aufgehoben wird. Allerdings wird auch zunächst die Milchsäuregärung fast vollständig unterdrückt, da diese für gewöhnlich nur zu einer p_H-Zahl von 3,5 führt. Der Säurezusatz nach Virtanen bedeutet somit, wie Ruschmann dies ausdrückt, ein Haltbarmachen des Gärfutters auf rein chemischem Wege. Die starke Abtötung der Mikroorganismen und der Proteasen im Futter infolge des Säurezusatzes ist so zu erklären, daß zunächst, bevor die Säure vom pflanzlichen Gewebe aufgesaugt wird, die p_H-Zahl noch weitaus geringer als 3,5 ist. Erst nachdem im Verlauf einiger Stunden ein Anstieg auf p_H 3,5 erfolgt, vermag die Entwicklung der Milchsäurebakterien wieder einzusetzen. Nach Schmalfuß und Werner[2] wird ein Teil der zugesetzten anorganischen Säuren an die Eiweißstoffe angelagert; der größte Teil von ihnen wird natürlich rein chemisch von den Basen des Futters neutralisiert und die schwächeren Pflanzensäuren (Zitronensäure, Äpfelsäure, Pektinsäure, Oxalsäure) werden in Freiheit gesetzt. Die zugesetzten freien anorganischen Säuren verschwinden auf diese Weise nach kurzer Zeit vollständig. Durch die Abnahme der Gewebespannung sackt das Futter zusammen, Hohlräume verschwinden, und alle Bedingungen für eine Kaltvergärung sind damit gegeben. Den Preßsaft leitet Virtanen ab, und zwar durch Anbringung einer Abflußvorrichtung am Boden der Behälter; diese Ableitung des Saftes bezeichnet er als wesentlich für sein Verfahren[3].

Zur Ermittlung der Menge der zuzusetzenden Säure ist die beste Methode die elektrometrische Titration. Virtanen führt sie so durch, daß er in eine Reihe von Erlenmeyerkolben zu je

1) G. Ruschmann, Landw. Jahrbücher **88**, 135 (1939).

2) H. Schmalfuß und H. Werner, Futterbau und Gärfutterbereitung **1**, 41 (1937).

3) A. I. Virtanen, Schweiz. landw. Monatshefte **10** (1932); Milchwirtsch. Zbl. **65** (1936); Zbl. Bakt. II, **95**, 492 (1937); Biochem. Z. **258**, 251 (1933).

200 g der einzusäuernden Futterprobe steigende Mengen von n/10 HCl gibt und 24 Stunden stehen läßt; nach dieser Zeit wird die p_H-Zahl gemessen. Diejenige Menge Säure, die eine Reaktionsverschiebung des Futters auf eine p_H-Zahl von 3,5 erzielt hat, stellt das gesuchte Ergebnis dar und braucht dann nur auf die Gesamtmenge des jeweiligen Futters umgerechnet zu werden. Durch diesen Säurezusatz wird die p_H-Zahl des einzusäuernden Futters auf 3,5 gebracht.

In Deutschland begnügt man sich meist mit einer Ansäuerung des Futters nach dem Verfahren von Kirsch in einer Menge von etwa 12 Säureäquivalenten, welche Methode vor allem von Kirsch und Hildebrandt[1] bzw. Ruschmann[2] befürwortet wird. Die p_H-Zahl des ursprünglichen Futters wird hier nur in geringem Grade gesenkt, und die Milchsäuregärung tritt bald sehr stark ein, so daß hier erst infolge der dadurch erzeugten Milchsäure ein Absinken der p_H-Zahl auf 3,5 bis 4,0 bewirkt wird. Die Säuerung bzw. Einstellung der p_H-Zahl auf 3,5 wird somit nicht durch die zugesetzte Säure, sondern durch die Milchsäuregärung erreicht, und der Zweck der Ansäuerung besteht lediglich in der Unterdrückung der säureempfindlichen Gärfutterschädlinge und der dadurch gesicherten Entwicklung der Milchsäurebakterien.

bb) Zucker und zuckerhaltige Stoffe. Je eiweißreicher ein Futter ist, desto erwünschter ist ein Zusatz an Zucker und zuckerhaltigen Stoffen, da ja Zucker das Nährsubstrat für die Milchsäurebakterien darstellt. Für praktische Zwecke wird man 0,5—1,0 % Zucker in Form von Futterzucker (Nachprodukt der Gewinnung von Saccharose aus Rüben) oder Holzzucker (durch Hydrolyse von Holz erzeugt, im wesentlichen somit Traubenzucker) dem Gärfutter zusetzen. Auch zuckerhaltige Stoffe, wie Melasse, Melasseschnitzel, Molke, Zuckerrübenschnitzel werden als Sicherungszusatz verwendet. Besonders die Melasse hat praktische Bedeutung

1) W. Kirsch und H. Hildebrandt, Die Silofutterbereitung nach dem Kaltgärverfahren. Berlin 1930 (P. Parey).

2) Bericht üb. d. 9. Mitgl.-Vers. d. Vereins z. Förderung d. Futterkonservierung, S. 10 (1932).

erlangt, da sie etwa 50 % Zucker (Saccharose) enthält; man wird daher an Stelle von 0,5—1,0 % reinem Zucker 1 oder 2 % Melasse verwenden; die in der Melasse enthaltene Raffinose wird allerdings von den Milchsäurebakterien nur schlecht oder gar nicht verwertet.

Eine praktische Form des Zuckerzusatzes ist die gemeinsame Einlagerung zuckerarmer oder stärkearmer und zuckerreicher bzw. stärkereicher Pflanzen, z. B. Grünmais und Eiweißfutter, vorausgesetzt, daß die Eiweißfutterschicht nicht zu dick ist. Gleichzeitig werden bei dem hohen Zuckergehalt des Maises im zuckerreichen Saft viele Milchsäurebakterien vorhanden sein, und das eiweißreiche Futter wird damit geimpft werden. Ähnliche Dienste leisten auch frische Zuckerrübenschnitzel und Zuckerrübenblätter. Ebenso hat sich gemeinsame Einsäuerung von Luzerne und Kartoffeln (Sauerkartoffeln) bewährt[1], ferner solche von Kartoffeln und Rübenblättern im Verhältnis 2 : 1.

Säuren in Verbindung mit Zucker sind als Sicherungszusätze besonders geeignet. Allerdings muß die Höhe des Säurezusatzes in Beziehung zur Menge des Zuckers stehen. Je geringer der Säurezusatz zum eiweißreichen Futter ist, desto höher soll der Zuckerzusatz sein, besonders bei eiweißreichen und zuckerarmen Ausgangsstoffen.

cc) Impfung mit Milchsäurebakterien (biologische Mittel). Die Aufgabe der biologischen Zusatzmittel ist, eine gute Milchsäuregärung und Säuerung zu erreichen und Nährstoffverluste möglichst einzuschränken. Wie auch eigene Versuche[2] zeigten, war ein früher von der Firma Dr. A. Schaeffer, Hamburg, auf den Markt gebrachtes Mittel, das sogenannte GFS (Gärfuttersicherung)[3], eine weiche, teigartige Masse, bestehend aus besonders gärkräftigen Milchsäurebakterien in Reinzucht, ein brauchbares,

---

1) K. Scharrer und R. Schreiber, Tierernährung (Leipzig), **14**, 217 (1942). — E. Burckhardt, Inaug. Diss. Jena, Mathem. Naturwiss. Fakultät 1940. — Hansen und v. Kursell, Z. f. Schweinezucht (Berlin), **45**, 565 (1938). — K. Gneist, Forschungsdienst (Berlin), **8**, 521 (1939).

2) K. Scharrer und R. Schreiber, Tierernährung (Leipzig), **14**, 176 (1942)

3) „Agrocym" genannt.

preiswertes und leicht zu handhabendes Mittel. Es ermöglicht die Vermehrung der Milchsäurebakterien in einem Umfang, daß schon anfangs bis zu 1000 kräftig säuernde Milchsäurebakterien einem schädlichen Keim gegenüberstehen. Zu seiner Verwendung braucht es nur in Wasser aufgelöst zu werden. Da das Produkt bis zu 10^{11} Keime je Gramm aufweist (100 Milliarden Milchsäurebakterien), wird damit dem Futter eine enorme Anzahl kräftig säuernder Milchsäurebakterien zugeführt. Selbstverständlich ist die Gegenwart genügender Mengen Zucker Voraussetzung für eine volle Auswirkung der Impfung.

dd) Sonstige Zusätze. Anders als die eigentlichen Sicherungszusätze ist ein Natriumchloridzusatz zu bewerten, der dadurch vorteilhaft wirkt, daß er aus osmotischen Gründen die Sickersaftbildung verstärkt und beschleunigt. Mehr als 0,25 % NaCl dürfen aber nicht angewandt werden, da sonst die Futterration der Tiere zuviel von Chlornatrium enthalten würde. Es darf nicht in wäßriger Lösung (dann würde die erwähnte osmotische Wirkung nicht eintreten) gegeben werden, sondern nur in fester Form ins Futter gestreut werden, wobei für gleichmäßige Verteilung zu sorgen ist. Mengen über 1 % hemmen bereits die Tätigkeit der stark säuernden Milchsäurebakterien.

Beim Einstampfen von Grünfutterpflanzen ohne Sicherungszusätze in geschlossenen Gefäßen mit Gärrohraufsatz ist nach Pfeiffer[1] „nach einiger Zeit ein mehr oder weniger starkes Entweichen von Stickoxyden mit den Gärgasen festzustellen", welche im weiteren Verlauf des Gärprozesses allmählich wieder verschwinden, auch wenn das Gefäß verschlossen und kein Entweichen der Gase möglich ist; nach zwei Wochen sind diese nitrosen Gase im Futter nicht mehr nachweisbar. Diese Stickoxyde üben nach Pfeiffer eine hemmende Wirkung auf die eiweißzersetzenden Bakterien im Futterstock aus, ohne die Milchsäuregärung ungünstig zu beeinflussen. Dieser Forscher hat

1) G. Pfeiffer, Tierernährung (Leipzig), **13**, 1 (1941).

die künstliche Entwicklung von Stickoxyden zur Erhaltung von Grünfutter in Behältern durch die Verwendung von Natriumnitrit in Verbindung mit Formamid durchgeführt; diese Zusatzmittel wurden ursprünglich nur in gelöster Form verabreicht, später hat Pfeiffer sie durch ein Salzgemisch ersetzt. Dieses sogenannte Kofasalz besteht aus 20 Teilen Calciumformiat und 3 Teilen Natriumnitrit unter Zusatz eines indifferenten grüngefärbten Stabilisators; es bildet ein absolut trockenes, gut streubares Produkt, das siliertechnisch sehr geeignet ist.

h) Beurteilung des Gärfutters

aa) Äußere Beschaffenheit. Bei einem richtigen Gärverlauf darf die Struktur der ursprünglichen Pflanze nicht zerstört worden sein. Ist dies der Fall, so waren Pektinzerstörer in Form sporenbildender Mikroorganismen am Werk. Auch schleimig-schmierig darf die Beschaffenheit des Futters nicht werden, da eine derartige Konsistenz seine Unbrauchbarkeit beweisen würde.

Ist der Geruch des Gärfutters angenehm aromatisch, an frisches Brot erinnernd, so ist meist die Gärung richtig ausgefallen, da dieser Geruch von alkohol- und esterbildenden Hefen erzeugt wird. Trotzdem kann ein Futter gut vergoren worden sein, ohne daß angenehme Geruchs- und Geschmacksstoffe gebildet werden. Für die Beurteilung eines Gärfutters haben aber vor allem die schlechten Geruchseigenschaften eine wesentliche Bedeutung. Es darf keinesfalls nach Buttersäure riechen, die schon in geringster Menge ein Gärfutter minderwertig macht. Pflanzenenzymatische Umsetzungen der Eiweißkörper können durch den Geruch nicht nachgewiesen werden, weil bei diesen Vorgängen Aminosäuren und Amide entstehen, die meist geruchlos sind. Dagegen sind Fäulnisprozesse sofort durch den Geruch zu erkennen. Vielfach ist der Fäulnisgeruch um so stärker, je eiweißreicher das Futter ist. Die Anwesenheit von Schimmelpilzen ist durch einen dumpfen, muffigen Geruch erkennbar. Der stechende Geruch des Gärfutters unmittelbar nach seiner Entnahme aus dem Silo ist nicht auf die Essigsäure, sondern auf Kohlensäure zurückzuführen. Hält allerdings dieser Geruch länger an, so wird er von einer größeren Menge Essigsäure bewirkt.

Manchmal zeigt die ganze Pflanzenmasse eine gelbliche Farbe, vielfach sind aber nur einzelne gelbe Nester im Futterstock vorhanden. Die Gelbfärbung zeigt die Gegenwart von Buttersäurebakterien an, die die Chloroplasten und das Chlorophyll zerstören. Dagegen läßt eine dunkle, schwärzliche Farbe des Futters einen starken Eiweißabbau durch Fäulnis erkennen; der dabei entwickelte Schwefelwasserstoff setzt sich mit den Eisenverbindungen der Zelle zu schwarzem Schwefeleisen um. Mit je mehr Säurezusätzen ein Gärfutter versetzt worden ist, desto besser bleibt seine ursprüngliche Farbe erhalten, was zeigt, daß sich in diesem Falle hauptsächlich chemische Umsetzungen, aber keine Gärung abgespielt hat. Normalerweise hat das Gärfutter eine mehr oder minder olivgrüne Farbe, wobei kohlenhydratreiches Futter meist heller, eiweißreiches Futter meist dunkler grüne Farbtöne aufweist. Über 40° C fangen die grünen Pflanzenteile an, sich zu bräunen, werden bei höherer Temperatur olivgrün und dunkelbraun und verkohlen bei 70° C; somit läßt ein kaltvergorenes Futter die ursprüngliche grüne Farbe der Pflanzen besser erkennen als ein warmvergorenes.

Der Geschmack eines einwandfrei erzeugten Gärfutters muß angenehm schwach säuerlich, nicht scharf zusammenziehend sein. Ein schimmeliger Geschmack sowie ein solcher nach Buttersäure darf nicht zu bemerken sein. Ungenügende Säuerung hat einen faden Geschmack zur Folge.

bb) Ernährungsphysiologische Untersuchungen. Von allen wissenschaftlichen Untersuchungsmethoden zur Beurteilung des Gärfutters ist seine ernährungsphysiologische Untersuchung besonders wertvoll, weil sie in Form von Fütterungs-, Verdauungs- und Stoffwechselversuchen ein Versuch am Tier selbst ist. Gesundheit sowie Produktionsfähigkeit, z. B. die Milchmenge und Milchqualität sowie die Güte der Molkereiprodukte dürfen durch die Fütterung mit Gärfutter keine Beeinträchtigung erfahren. Allerdings sind derartige Versuche außerordentlich langwierig und kostspielig, so daß schon aus diesen Gründen die Voraussetzungen ihrer Durchführung selten gegeben sind.

cc) Chemische Untersuchungen. Meist beschränkt sich die chemische Untersuchung des Gärfutters auf die Bestimmung der p_H-Zahl, der Milchsäure, Essigsäure und Buttersäure, des Ammoniaks und Eiweißabbaues. Außer diesen Säuren sind im Gärfutter meist noch geringe Mengen von Ameisensäure, Propionsäure, Valeriansäure, Capronsäure und Bernsteinsäure nachzuweisen, die meist nicht ermittelt werden, weil diese Säuren vielfach bei der Desaminierung der

Aminosäuren, somit bei weitestgehendem Abbau der Eiweißstoffe unter Ammoniakbildung, entstehen und ein solches Futter ohnedies als verdorben angesehen werden muß.

Eine wichtige Bestimmungsmethode stellt die Ermittlung der p_H-Zahl dar. Von der p_H-Zahl hängt die Haltbarkeit des Futters ab. Die durch Bakterientätigkeit erfolgende Säuerung eines Futters vermag bis zur p_H-Zahl von 3,5 zu gehen, wobei p_H-Werte von 4,2 bis 3,5 unter allen Mikroorganismen nur von Milchsäurebakterien hervorgerufen werden können. Bei diesen Säuregraden vermögen auch bei Luftabschluß keine Bakterien zur Entwicklung zu kommen, welche die gebildeten organischen Säuren abbauen und dadurch ein Verderben des Gärfutters bewirken. Lediglich unter aeroben Verhältnissen werden durch Schimmelpilze, Kahmhefen und echte Essigsäurebakterien die organischen Säuren zerstört. Die Schimmelpilze vernichten alle organischen Säuren, die echten Essigsäurebakterien greifen die Essigsäure an, die Kahmhefen die Essig- und Milchsäure, die Buttersäurebakterien, jedoch nur bei einer p_H-Zahl von 4,2, die Milchsäure.

Die Bewertung des Gärfutters nach dem p_H-Wert erfolgt nach einem von Gneist[1] gegebenen Schema folgendermaßen:

p_H 3,6—4,2	....	sehr gut
p_H 4,2—4,5	....	gut
p_H 4,5—4,7	....	mittelgut
p_H 4,7—4,9	....	mittelmäßig
größer als p_H 4,9	....	schlecht
größer als p_H 5,6	....	sehr schlecht.

Die Bestimmung von Milchsäure, Essigsäure und Buttersäure wurde ursprünglich nach einem von Wiegner ausgearbeiteten Verfahren durchgeführt, welcher Methode die empirisch gefundene Tatsache zugrunde liegt, daß Essigsäure und Buttersäure mit Wasserdampf flüchtige Verbindungen sind. Nach Wiegner und Magasanik[2] gehen von der Essigsäure, wenn man vom

1) K. Gneist, Landw. Jahrbücher **78**, 103 (1933); Forschungsdienst **2**, 604 (1936).

2) G. Wiegner und I. Magasanik, Mitt. Lebensmittelunters. **10**, 156 (1919).

Volumen der wäßrigen Lösung die Hälfte abdampft, 36,59 % der vorhandenen Essigsäure in das Destillat, 63,41 % bleiben zurück. Von der Buttersäure destillieren 72,77 % der ursprünglichen Buttersäure ab, 27,23 % bleiben zurück. Milchsäure ist nicht flüchtig und destilliert mit Wasserdampf nicht über. Es wird aus einem bestimmten Volumen des wäßrigen Extraktes, dessen gesamte freie Säure durch Titration ermittelt worden ist, die Hälfte abdestilliert und man bestimmt im Destillat die Menge der flüchtigen Säure durch Titration mit n/20 NaOH. Im Rückstand wird das ursprüngliche Volumen wieder hergestellt, wiederum die Hälfte abdestilliert und auch das zweite Destillat titriert. Zur Kontrolle wird dieser Vorgang noch ein drittes Mal wiederholt. Aus diesen drei Titrationen in den Destillaten kann man die Mengen der ursprünglich ungebundenen Essig- und Buttersäure bestimmen. Um die gesamten flüchtigen Säuren zu ermitteln, somit die Summe von freien und gebundenen, setzt man dem Futterextrakt Phosphorsäure oder Schwefelsäure zu und destilliert wiederum dreimal je die Hälfte ab und titriert. Bezüglich der Einzelheiten der Analysendurchführung und der Berechnung sei auf die Originalliteratur und die Methodenbücher verwiesen[1].

Spätere Forschungen haben aber ergeben, daß die nach diesem Verfahren gefundenen Werte nicht genau sind, und besonders schwierig wurde die analytische Situation, als man dem Gärfutter Mineralsäuren zusetzte, durch welche organische Säuren aus ihren Salzen in Freiheit gesetzt werden, die, soweit sie nicht flüchtig sind, einen zu hohen Gehalt des Futters an Milchsäure vortäuschen. Durch verschiedene Forscher ist daher die Methode der Bestimmung der Säuren im Silofutter späterhin verbessert worden, z. B. von Lepper[2] und Flieg[3]. Ebenso schwierig wie die Bestimmung der Milchsäure ist die genaue Ermittlung der Essigsäure und Buttersäure, besonders ihrer freien und gebundenen Mengen. Nach Lepper[4] ist aber auch die Bestimmung der freien Essigsäure und Buttersäure in Anwesenheit von Milchsäure sowie von gebundener Essigsäure und Buttersäure nicht genau. Bei Verwendung von Ameisensäure als Sicherungszusatz

1) Vgl. z. B. E. Mangold, Handbuch der Ernährung und des Stoffwechsels der landwirtschaftl. Nutztiere, Bd. 1, Berlin 1922 (J. Springer).

2) W. Lepper, Landw. Versuchsstat. **128**, 127 (1937); Z. Tierernähr. (Berlin), **1**, 187 (1938).

3) O. Flieg, Forschungsdienst Sonderh. 7, 261 (1937); Tierernährung (Leipzig), **9**, 179 (1937); Futterbau u. Gärfutterbereitung **1**, 121 (1938); vgl. auch F. Sauer, Futterbau u. Gärfutterbereitung **1**, 136 (1938).

4) W. Lepper, Landw. Versuchsstat. **117**, 113 (1933).

liegen analytisch besonders schwierige Verhältnisse vor; Flieg[1] hat ein Verfahren ausgearbeitet, um auch bei Anwesenheit von Ameisensäure eine einwandfreie Ermittlung von Essigsäure, Buttersäure und Milchsäure zu ermöglichen.

Eine weitere Bewertungsgrundlage des Gärfutters ist die Ermittlung des Eiweißabbaues. Unter dem Eiweißabbau versteht man die Menge des gebildeten Ammoniakstickstoffes, ausgedrückt in Prozent des Gesamtstickstoffes. Man bestimmt daher im wäßrigen Auszug des Gärfutters durch Destillation mit Magnesiumoxyd den Ammoniakstickstoff und gleichzeitig im Gärfutter den Gehalt an Gesamtstickstoff nach Kjeldahl. Der Eiweißabbau wird dann nach der Formel $\frac{NH_3\text{-}N \times 100}{\text{Gesamt-N}}$ berechnet. Nach Stollenwerk[2] soll ein gutes Gärfutter nur bis zu 8 % Ammoniakstickstoff enthalten, also höchstens einen Eiweißabbau von 8 % aufweisen.

Kirsch und Hildebrandt[3] bringen folgendes Muster zur Beurteilung von Gärfutterarten nach ihrem Schema:

Beurteilung	Gehalt des Gärfutters an Säuren						Säureverhältnisse		
	Milchsäure	Essigsäure Frei	Essigsäure Geb.	Buttersäure Frei	Buttersäure Geb.	Gesamtsäure	Milchsäure	Essigsäure	Buttersäure
	%	%	%	%	%	%	%	%	%
Sehr gut	1,77	0,63	0,05	0,0	0,0	2,45	72	28	0,0
Gut	0,76	0,79	0,16	0,0	0,0	1,81	44	56	0,0
Mittelmäßig	1,14	0,54	0,01	0,04	0,10	1,83	62	30	8
Schlecht	0,59	0,20	0,06	0,26	1,39	2,50	24	10	66
Unbrauchbar	0,09	0,09	0,01	0,0	0,03	0,21	—	—	0,0

Beim Punktschlüssel von Flieg[4] wird der Gehalt an Milchsäure, Essigsäure und Buttersäure, ausgedrückt in Prozent der Gesamtzahl, angegeben. Dieser Schlüssel

1) O. Flieg, Z. Tierernähr. Futtermittelk. (Berlin), 3, 53 (1939).
2) W. Stollenwerk, Forschungsdienst Sonderh. 2, 79 (1936).
3) W. Kirsch und H. Hildebrandt, Die Silofutterbereitung nach dem Kaltgärverfahren. Berlin 1930 (P. Parey).
4) O. Flieg, Tierernährung (Leipzig), 9, 178 (1937); Forschungsdienst Sonderh. 7, 262 (1937).

wurde von dem genannten Forscher auf Grund der gemachten Erfahrung gegenüber früher etwas abgeändert (Neuer Flieg'scher Schlüssel[1]).

Neuer FLIEG'scher Schlüssel zur Gärfutterbewertung

In % des Gesamtsäurewertes	Punkte für Milchsäurewert	Punkte für Essigsäurewert	Punkte für Buttersäurewert
0 — 0,1	0	25	50
0,1 — 1	0	25	45
1 — 2	0	25	40
2 — 5	0	25	35
5 — 10	0	25	30
10 — 20	0	25	20
20 — 30	5	20	10
30 — 40	10	15	5
40 — 50	15	10	0
50 — 60	20	5	— 5
60 — 70	23	0	—10
>70	25	0	—10

Gesamtpunktzahl	Note
0— 20	schlecht
21— 40	mäßig
41— 60	befriedigend
61— 80	gut
81—100	sehr gut

dd) Ernährungsphysiologische Beurteilung des Gärfutters. Der große Wert einwandfrei gewonnenen Gärfutters besteht darin, daß damit den Tieren während der langen Zeit der Winterfütterung ein hochwertiges Futter zur Verfügung steht, das reich an Carotin ist und kaum essentielle Aminosäuren verloren hat. Neuere Versuche von Virtanen und am Agrikulturchemischen Institut Gießen[2]

1) Mitt. d. Verb. dtsch. landw. Unters.- u. Forschungsanst. Nr. 6/1952, S. 13.

2) A. I. Virtanen, The Economic Proceedings of the Royal Dublin Society 3, 311 (1947). — K. Scharrer und K. Räker, Z. Tierernähr. Futtermittelk. 10, 275 (1955).

haben nämlich ergeben, daß der ursprüngliche Carotingehalt des Ausgangsfutters beim Gärprozeß kaum verloren geht.

i) Verluste bei der Gärfutterbereitung

Was den Einfluß der Gärfutterbereitung auf die Verdaulichkeit des Futters anbelangt, so fand Völtz[1] bei Rübensilage im Vergleich zu frischen Rüben folgende Verdauungskoeffizienten in Prozent:

	Organische Subst.	Rohprotein	Rohfaser	N-freie Extraktstoffe
Frische Rüben	83	30	63	90
Rübensilage	70	30	39	79
Verlust an der Verdaulichkeit bei der Rübensilage ...... (in Prozenten)	—15,6	—0	—28,8	—12,2

Im allgemeinen bleibt die Verdaulichkeit des Gärfutters gegenüber dem ursprünglichen Material ziemlich unverändert[2].

Wiegner hat darauf hingewiesen, daß die durch die Heugewinnung eintretenden Verluste meist unterschätzt werden und dabei mit solchen von 25—40 % gerechnet werden muß, während bei der Kaltsilage nicht mehr als 10—15 % Verluste in Frage kommen; die Verluste an Eiweiß liegen zwischen 0 und 5 %. Vergegenwärtigt man sich weiterhin, daß durch die Einsäuerung eine weitgehende Entkeimung des Futters auftritt, so liegen die Vorteile einer Einsäuerung gegenüber der Heuwerbung klar zutage.

k) Das Gärfutter in der Praxis der Tierernährung

Das Gärfutter kann bei Rindern, Ziegen, Pferden und Eseln, Schweinen und Kaninchen verwendet werden. Für

---

1) W. Völtz, Arbeiten DLG, H. 331, 36.
2) W. Völtz und Reisch, Mitt. DLG 1926, 183.

Arbeitsochsen haben sich 40 kg, für Mastochsen 10—20 kg je Tier und Tag bewährt; Kälber erhalten 6—10 bzw. 12—20 kg. Bei Milchkühen rechnet man mit 30—40, ja bis 60 kg je 1000 kg Lebendgewicht. Bei Schafen gibt man 25—30 kg je 1000 kg Lebendgewicht. Für das Schwein sind besonders bei der Mast bis 5 kg je Tier und Tag Sauerkartoffeln geeignet. Auch an Kaninchen und Geflügel kann Gärfutter verabreicht werden, besonders für die Aufzucht von Junggeflügel. An Pferde, vor allem Arbeitspferde, gibt man 8—10 kg, vielfach als Ersatz für einen großen Teil des Hafers. Es ist angezeigt, den Tieren je kg Gärfutter 1 g kohlensauren Kalk beizumischen. Zahlreiche amerikanische und deutsche Versuche haben deutlich bewiesen, daß wesentliche Unterschiede sowohl in der Milchmenge wie auch in der Milchqualität (Geschmack, physikalisch-chemische Milchkennzeichen und Fettkonstanten) zwischen Grünfütterung, Heu- und Gärfutterverabreichung nicht vorhanden sind[1].

Während die Silagemilch zur Herstellung der Butter ohne weiteres verwendet werden kann, ist dies für die Käsebereitung nicht immer der Fall. Die Gärfuttermilch eignet sich vor allem nicht zur Herstellung von Emmentaler Käse, worauf schon Wiegner[2] hinwies. Versuche haben gezeigt, daß die für die Erzeugung von Emmentaler Käse notwendigen Mikroorganismen unbedingt das Vitamin H' (Para-Aminobenzoesäure) benötigen, das aber bei der Einsäuerung vernichtet wird.

Was die Eignung der Gärfuttermilch als Kindermilch anbelangt, so dürfte nach den vorliegenden Erfahrungen[3] das Urteil dahin gehen, daß zwar eine solche Milch der sonstigen Milch nicht überlegen ist, jedoch vom Standpunkt der Humanmedizin gegen die Anwendung von Gärfutter bei Kühen, die Kinder- oder Vorzugsmilch liefern sollen,

1) A. C. MacCandlish, Exp. stat. record. **47**, 778 (1922). — Siehe W. Völtz und W. Kirsch, Die Futterkonservierung H. 5, 81 (1928).

2) G. Wiegner, Mitt. DLG 1925, 179.

3) E. Mangold, Handbuch der Ernährung und des Stoffwechsels der landwirtschaftlichen Nutztiere, Bd. 1, S. 381, Berlin 1929 (J. Springer).

nichts einzuwenden ist[1]. Trumpp[2] regt sogar an, durch Verfütterung von Gärfutter an die Milchkühe eine an Vitaminen reiche Milch für Kleinkinder zu gewinnen.

Wie schon bemerkt, wird vor allem die Kartoffel in Form eingesäuerter Kartoffeln (Sauerkartoffeln) vorteilhaft verwendet. Sie werden vom Schwein am besten verdaut, darauf folgen Schaf, Rind, Pferd und Geflügel. Besonders bei Verfütterung von Sauerkartoffeln darf nicht verabsäumt werden, Schlämmkreide oder phosphorsauren Futterkalk beizugeben. Milchvieh verträgt bis zu 20 kg Sauerkartoffeln, höhere Gaben wirken ungünstig auf den Fettgehalt der Milch. Auch an Arbeitspferde kann man 20 kg Sauerkartoffeln je Tier und Tag verabreichen.

Bei Verfütterung von Zuckerrübenblatt-Silage an Milchkühe wird das Betain der Rübe im Pansen in Trimethylamin umgesetzt, das in kürzester Zeit in die Milch übergeht, wodurch sie einen höchst unangenehmen „Fischgeschmack" annimmt. Da jedoch der tierische Organismus das Trimethylamin in längstens acht Stunden abbaut, kann das Auftreten des erwähnten Geschmacks dadurch vermieden werden, daß das eingesäuerte Zuckerrübenblatt nur nach dem Melken gefüttert wird.

l) Gärfutterbehälter

Aus dem, was über die mikrobiologischen und chemischen Grundlagen der Gärfutterbereitung gesagt worden ist, geht hervor, daß die Einhaltung der dort geschilderten Maßnahmen wesentlich und grundlegend für die richtige Durchführung und das Gelingen von einwandfreiem Silofutter ist. Ob nun als Gärfutterbehälter solche aus Eisen, Holz oder Beton benutzt werden, ob die Abdeckung mit einer 30—40 cm hohen Lehmschicht erfolgt oder mit einem luftdichten Deckelabschluß in Form z. B. eines Metalldeckels in Tauchrinnen mit Flüssigkeitsverschluß oder Dichtungsmaterial, ist letzten Endes für die Erzeu-

1) Trendtel: Milchwirtsch. Forsch. 6, 59 (1928).
2) Trumpp, Münch. med. Wchschr. 72, 2048 (1925).

gung von Garfutter eine Frage sekundärer Natur und von technischen, finanziellen und betriebswirtschaftlichen Erwägungen abhängig.

Die Bauart des Silos ist mithin bei weitem nicht so wichtig wie die richtige Füllung des Behälters. Wesentlich ist aber, daß der oberirdische Silo auf einen tragfähigen Boden und ein starkes Fundament gebaut wird, daß die Wände stark genug bemessen sind und die Behälter statisch einwandfrei konstruiert werden, damit sie dem großen Innendruck der eingelagerten Futtermassen standhalten können. Runde Futtertürme und in die Erde eingelassene Behälter erfüllen diese Bedingungen wohl am leichtesten. Bei Futtertürmen soll der Grundriß im Verhältnis zur Höhe nicht zu groß sein. Gemauerte Gruben sind meist billiger als Futtertürme und sind etwa 2 m in den Boden einzulassen. Der Inhalt einer Grube soll in zwei bis drei Wochen verfüttert werden können, das Volumen darf somit nicht zu groß sein. Gegen die Witterungseinflüsse muß jeder Silo durch eine Überdachung geschützt werden. Eine Abflußvorrichtung zum Ablassen des Sickersaftes ist nur bei einem Kartoffelsilo nötig, sonst nicht unbedingt erforderlich; sie muß auf alle Fälle luft- und wasserdicht abgeschlossen werden können. 1 cbm Siloraum erfaßt in Grubenbehältern 7,5 dz zusammengepreßtes Futter, was bei 30 kg täglicher Futtergabe je Stück Großvieh 25 Futtertagen entspricht. 1 cbm in Hochbehältern enthält etwa 8—10 dz zusammengepreßtes Futter. 1 cbm Grubenraum faßt ungefähr 10 dz eingesäuerte Kartoffeln; bei einem Verbrauch von 15 dz je Schwein während 5 Monate sind für jedes zu mästende Schwein somit 1,5 cbm erforderlich.

Im übrigen sei bezüglich der technischen Ausführungen der einzelnen Silokonstruktionen auf die einschlägige Spezialliteratur verwiesen[1].

V. Schädigung der Tiere durch Futtermittel

Jeder schroffe Futterwechsel muß vermieden werden. Insbesondere ist der plötzliche Übergang von der Trocken- zur Grünfütterung sehr schädlich, ebenso reichliche Wassergaben nach Verfütterung von Hülsenfrüchten. Gefrorenes oder bereiftes Futter darf erst nach Auftauen und vorheriger Verabreichung von

---

1) H. Hoffmann, Der Grünfutterbehälter. Stuttgart 1928 (E. Ulmer).

Trockenfutter gegeben werden, um Verdauungsstörungen zu verhindern. Bereifter oder in zu großen Mengen aufgenommener Klee erzeugt leicht Aufblähen, weshalb man Klee am besten gemeinsam mit Rauhfutter gibt. Nichtausgeschwitztes Heu ist für Pferde und Rinder nachteilig, unter Umständen treten schwere Krankheitserscheinungen auf. Frischer, nicht gelagerter Hafer erzeugt schwere Verdauungsstörungen. Vielfach gehen Rinder dadurch zugrunde, daß sie im Futter vorhandene Eisenteile schlucken. Durch Einbau von Magneten in die Futterschneidemaschinen können solche Fremdkörper entfernt werden.

Im allgemeinen vermeiden die Tiere instinktmäßig die Aufnahme von Giftpflanzen, wie z. B. der Herbstzeitlose, auf der Weide und im Heu. Die im Süden Argentiniens bei Schafen auftretende Drehkrankheit wird durch das Pampasgras bewirkt. In vielen Staaten der USA tritt im Sommer und Herbst die amerikanische Milchkrankheit (milk-sickness, Tramblis) auf, hervorgerufen durch die Weidepflanze Eupatorium urticifolium, die eine toxische Verbindung, das Tremetol, enthält. In den USA kommen auch Vergiftungen der Tiere durch Genuß von Farnkraut (Pteridium latiusculum) vor, die sich in Blutungen an den Schleimhäuten und blutigen Durchfällen äußern. Verfütterung von Saatplatterbse (Lathyrus sativus) bewirkt den sogenannten Lathyrismus. Die gemeine Eibe (Taxus baccata) enthält in Blättern und Samen das Alkaloid Taxin; schon 200 g der Nadeln genügen, um Schafe und Pferde zu töten. Auch der Oleander weist zwei Herzgiftstoffe auf, das Oleandrin und das Neriin. In der Kornrade (Agrostemma githago) kommt im Samen das Githagin vor, das auf Pferde, Kälber, Hühner und Hunde sehr schädlich wirkt, während erwachsene Rinder kaum, Schweine, Schafe und Ziegen nicht davon betroffen werden.

Der Duwock oder Sumpfschachtelhalm, der das giftige Equisetin enthält, ist für Rinder schädlich, besonders für Milchtiere. Die Herbstzeitlose (Colchicum autumnale) enthält das giftige Alkaloid Colchicin. Wird den Tieren gehäckseltes, herbstzeitlosehaltiges Heu gereicht, so können sie die Giftpflanzen nicht auslesen und erkranken dann an Kolik, blutigem Durchfall, Lähmung und Schwächezuständen. 20—50 % der erkrankten Tiere sterben nach 1—3 Tagen. Bei Pferden kommen auch Vergiftungen mit den Blättern des roten Fingerhutes (Digitalis purpurea) vor, weniger empfindlich sind die Wiederkäuer. In den Rizinussamen kommt das giftige Ricin in den Schalen vor.

Die Kleekrankheit ist eine Lichtkrankheit, die durch Schwedenklee (Trifolium hybridum) erzeugt wird. Auf die Erörterung des Fagopyrismus, Hypericismus, der Lupinose, der Dürenerkrankheit und mancher anderer Erkrankungen ist bei den einzelnen Futtermitteln näher eingegangen worden.

Krankheiten sind nach Verfütterung von brandigem Weizen und brandiger Dinkelspreu (Tilletia carties) bei Pferden, Schweinen und Rindern festgestellt worden. Auch mit Rostpilzen befallene Futtermittel sind abzulehnen.

Sehr schädlich ist das Mutterkorn (Secale cornutum), das drei giftige Stoffe enthält, nämlich das Cornutin, die Sphacelinsäure und die Ergotinsäure. Die Sphacelinsäure erzeugt brandiges Absterben von Körperteilen, die Ergotinsäure wirkt betäubend, das Cornutin löst Zusammenziehungen der Gebärmutter bei trächtigen und nichtträchtigen Tieren aus. Daher ist ein mutterkornhaltiges Getreide von der Verfütterung auszuschließen. Besonders Rinder und Geflügel sind gegenüber dem Mutterkorngift empfindlich, weniger Pferde. Mutterkorn erzeugt die sogenannte Kribbelkrankheit, die sich in Appetitlosigkeit, Kribbeln der Haut, Krämpfen und Absterben der Gliedmaßen äußert.

Was Schimmelpilze anbelangt, so scheint es nach den gemachten Erfahrungen krankmachende und nichtkrankmachende Arten zu geben. Besonders Pferde sind dafür empfindlich, ferner Rinder und Schafe. Am besten werden Schimmelpilze durch Kochen, Dämpfen und Rösten vernichtet. Bei Schweinen treten Vergiftungen nach dem Genuß von Pökellake auf, auch von Sardellen und Heringslake. Der Erreger der Wurstvergiftung, Bacillus botulinus, kann auch in Pflanzen auftreten und sie giftig machen, was bei mit diesem Bazillus infizierten Futtermitteln den Botulismus der Haustiere hervorruft.

Literatur

G. Blohm, Ernte und Aufbewahrung. In Handb. d. Landwirtschaft von F. Aereboe, J. Hansen und Th. Roemer. 2. Bd. Ackerbaulehre. Berlin 1929 (Paul Parey).

Faustzahlen für die Landwirtschaft. Herausgeg. v. d. Deutschen Ammoniak Verkaufs-Vereinigung, Landw. Abt. 3. Auflage. Bochum 1951.

E. Fröhner und R. Völker, Lehrb. der Toxikologie f. Tierärzte. Stuttgart 1950 (F. Enke).

F. Honcamp, Die natürlichen pflanzlichen Futtermittel. In E. Mangold, Handbuch der Ernährung und des Stoffwechsels der landw. Nutztiere. I. Bd. Berlin 1929 (J. Springer).

F. Honcamp, Landwirtschaftliche Fütterungslehre und Futtermittelkunde. Stuttgart 1922 (E. Ulmer).

O. Kellner, Die Ernährung der landw. Nutztiere. Berlin 1927 (Paul Parey).

Kellner-Fingerling, Grundzüge der Fütterungslehre. Berlin 1940 (Paul Parey).

Kellner-Scheunert, Grundzüge der Fütterungslehre. Berlin und Hamburg 1952 (Paul Parey).

W. Kirsch u. H. Hildebrandt, Die Silofutterbereitung nach dem Kaltgärverfahren. Berlin 1930 (Paul Parey).

Kirsch-Splittgerber, Vollwertige Ernährung der Milchkühe. Berlin und Hamburg 1952 (Paul Parey).

Kirsch-Splittgerber und Fangauf, Die Fütterung der landw. Nutztiere. Berlin und Hamburg 1954 (Paul Parey).

M. Kling, Die Handelsfuttermittel. Stuttgart 1928 (Eugen Ulmer).

W. Lenkeit, Einführung in die Ernährungsphysiologie der Haustiere. Stuttgart 1953 (F. Enke).

E. Mangold, Handbuch der Ernährung u. des Stoffwechsels der landw. Nutztiere. Berlin 1929 (J. Springer). 1. Bd. vergl. darin die Abschnitte „Die Einsäuerung (Silage)“ von E. Mangold und C. Brahm; ferner den Abschnitt über „Die Trocknung“ v. C. Brahm.

R. Herrmann, Handbuch der landw. Versuchs- u. Untersuchungsmethodik (Methodenbuch). 3. Band: Malkomesius-Nehring, Die Untersuchung von Futtermitteln. 2. Auflage. Radebeul und Berlin 1951 (Neumann-Verlag).

K. Nehring, Lehrbuch der Tierernährung und Futtermittelkunde. 4. Auflage. Radebeul und Berlin 1953 (Neumann-Verlag).

Roemer-Scheibe-Schmidt-Woermann, Handb. der Landwirtschaft. 2. Aufl. Berlin und Hamburg 1954 (Paul Parey).

K. v. Rümker, Ernte und Aufbewahrung. 6. Aufl. Berlin 1924 (P. Parey).

G. Ruschmann, Die wissenschaftlichen Grundlagen der Gärfutterbereitung. Landw. Jahrbücher **88,** 135—296 (1939).

K. Scharrer, Die biochemischen Grundlagen der Tierernährungslehre. Stuttgart 1950 (F. Enke).

A. Scheunert, A. Trautmann u. F. W. Krzywanek, Lehrbuch der Veterinärphysiologie. Berlin 1944.

R. Schreiber, Kleines Handbuch der Gärfutterbereitung. Radebeul und Berlin 1950 (Neumann-Verlag).

Sachverzeichnis

Namenverzeichnis

GESAMTVERZEICHNIS

SAMMLUNG GÖSCHEN

DAS WISSEN DER WELT IN KURZEN, KLAREN, ALLGEMEINVERSTÄNDLICHEN EINZELDARSTELLUNGEN NACH DEN LEHRPLÄNEN DER DEUTSCHEN UNIVERSITÄTEN UND HOCHSCHULEN AUFGEBAUT

JEDER BAND DM 2,40

DOPPELBAND DM 4,80

STAND JANUAR 1956

WALTER DE GRUYTER & CO.

BERLIN W 35

INHALTSVERZEICHNIS

Geisteswissenschaften

Philosophie

Einführung in die Philosophie von *H. Leisegang.* 2. Auflage. 145 Seiten. 1953. . . . . Bd. 281

Erkenntnistheorie von *G. Kropp.* 1. Teil: Allgemeine Grundlegung. 143 Seiten. 1950 . . . . Bd. 807

Hauptprobleme der Philosophie von *G. Simmel†.* 7., unveränd. Auflage. 177 Seiten. 1950 . . . . Bd. 500

Geschichte der Philosophie

I: Die griechische Philosophie von *W. Capelle.* 1. Teil. Von Thales bis Leukippos. 2., erweiterte Auflage. 135 Seiten. 1953 . . . . Bd. 857

II: Die griechische Philosophie von *W. Capelle.* 2. Teil. Von der Sophistik bis zum Tode Platons. 2., stark erweiterte Auflage. 144 Seiten 1953 . . . . Bd. 858

III: Die griechische Philosophie von *W. Capelle.* 3. Teil. Vom Tode Platons bis zur Alten Stoa. 2., stark erweiterte Auflage. 132 Seiten. 1954 . . . . Bd. 859

IV: Die griechische Philosophie von *W. Capelle.* 4. Teil. Von der Alten Stoa bis zum Eklektizismus im 1. Jahrhundert v. Chr. 2., stark erweiterte Auflage. 132 Seiten. 1954 . . . . Bd. 863

V: Die Philosophie des Mittelalters von *J. Koch.* In Vorbereitung . . . . Bd. 826

VI: Von der Renaissance bis Kant von *K. Schilling.* 234 Seiten. 1954 . . . . Bd. 394/394a

VII: Immanuel Kant von *G. Lehmann.* In Vorbereitung. Bd. 536

VIII: Die Philosophie des 19. Jahrhunderts von *G. Lehmann.* 1. Teil. 151 Seiten. 1953 . . . . Bd. 571

IX: Die Philosophie des 19. Jahrhunderts von *G. Lehmann.* 2. Teil. 168 Seiten. 1953 . . . . Bd. 709

X: Die Philosophie im ersten Drittel des 20. Jahrhunderts von *G. Lehmann.* In Vorbereitung . . . . . Bd. 845

Die geistige Situation der Zeit (1931) von *K. Jaspers.* 3., unveränderter Abdruck der 1932 bearbeiteten 5. Auflage. 211 Seiten. 1953. Zur Zeit nur Ganzleinen DM 4,80 Bd. 1000

Philosophisches Wörterbuch von *M. Apel†.* 4., unveränderte Auflage. 260 Seiten. 1953 . . . . Bd. 1031

Philosophische Anthropologie von *M. Landmann.* 266 Seiten. 1955 . . . . Bd. 156/156a

Pädagogik · Psychologie · Soziologie

Geschichte der Pädagogik von *H. Weimer.* 11., neubearbeitete und vermehrte Auflage. 176 Seiten. 1954 . . . . Bd. 145

Therapeutische Psychologie. Freud — Adler — Jung von *W. M. Kranefeldt.* Mit einer Einführung von *C. G. Jung.* 2. Auflage. 152 Seiten. 1950 . . . . Bd. 1034

Sozialpsychologie von *P. R. Hofstätter.* 1956. In Vorbereitung Bd. 104/104a

Psychologie des Berufs- und Wirtschaftslebens von *W. Moede.* 1956. In Vorbereitung . . . . Bd. 851

Soziologie. Geschichte und Hauptprobleme von *L. von Wiese.* 5. Auflage. 162 Seiten. 1954 . . . . Bd. 101

Industrie- und Betriebssoziologie von *R. Dahrendorf.* 118 Seiten. 1956 . . . . Bd. 103

Religionswissenschaften

Musik

Kunst

Geschichte

Auftreten des Eisens in den anderen Erdteilen). 140 Seiten mit 60 Abbildungen. 1950 . . . . Bd. 566

Vorgeschichte Europas von *F. Behn.* Völlig neue Bearbeitung der 7. Auflage der „Urgeschichte der Menschheit" von *M. Hoernes.* 125 Seiten mit 47 Abbildungen. 1949 . . Bd. 42

Von den Karolingern zu den Staufern von *J. Haller.* Die altdeutsche Kaiserzeit (900—1250). 3. Auflage. 141 Seiten mit 4 Karten. 1944 . . . . Bd. 1065

Deutsche Geschichte im Zeitalter der Reformation, der Gegenreformation und des 30jährigen Krieges von *F. Hartung.* 129 Seiten. 1951 . . . . Bd. 1105

Deutsche Geschichte von 1648 bis zur Gegenwart von *W. Treue* (4 Bände). In Vorbereitung . . . . Bd. 35

Quellenkunde der deutschen Geschichte im Mittelalter (bis zur Mitte des 15. Jahrhunderts) von *K. Jacob †.*

I: Einleitung. Allgemeiner Teil. Die Zeit der Karolinger. 5. Auflage. 118 Seiten. 1949 . . . . Bd. 279

II: Die Kaiserzeit (911—1250). 4. Auflage. 127 Seiten. 1949 . . . . Bd. 280

III: Das Spätmittelalter (vom Interregnum bis 1500). Unter Verwendung der Hinterlassenschaft herausgegeben von *F. Weden.* 152 Seiten. 1952 . . . . Bd. 284

Badische Geschichte von *A. Krieger.* 137 Seiten. 1921 . . . Bd. 230

Geschichte Englands von *H. Preller.*

I: bis 1815. 3., stark umgearbeitete Auflage. 135 Seiten mit 7 Stammtafeln und 2 Karten im Text. 1952. . . . Bd. 375

II: von 1815 bis 1910. 2., völlig umgearb. Auflage. 118 S. mit 1 Stammtafel und 7 Karten im Text. 1954 . . Bd. 1088

Geschichte der Vereinigten Staaten von Amerika von *O. Graf zu Stolberg-Wernigerode.* 192 Seiten mit 10 Karten im Text. 1956. . . . . Bd. 1051/1051a

Deutsche Sprache und Literatur

Deutsches Rechtschreibungswörterbuch von *M. Gottschald.* 2., verbesserte Auflage. 269 Seiten. 1953 . . . . Bd. 200/200a

Deutsche Wortkunde von *A. Schirmer.* Eine kulturgeschichtliche Betrachtung des deutschen Wortschatzes. 3., durchgesehene Auflage. 109 Seiten. 1949 . . . . Bd. 929

Deutsche Sprachlehre von *W. Hofstaetter.* 9., neubearbeitete Auflage von *G. Spree.* 144 Seiten. 1953 . . . . Bd. 20

Stimmkunde für Beruf, Kunst und Heilzwecke von *H. Biehle.* 111 Seiten. 1955 . . . . Bd. 60

Redetechnik von *H. Biehle.* Einführung in die Rhetorik. 115 Seiten. 1954 . . . . Bd. 61

Sprechen und Sprachpflege von *H. Feist.* (Die Kunst des Sprechens). 2., verbesserte Auflage. 99 Seiten mit 25 Abbildungen. 1952 . . . . Bd. 1122

Der Nibelunge Nôt in Auswahl mit kurzem Wörterbuch von *K. Langosch.* 9., umgearbeitete Auflage. 164 Seiten. 1953 Bd. 1

Deutsches Dichten und Denken von der germanischen bis zur staufischen Zeit von *H. Naumann.* (Deutsche Literaturgeschichte vom 5.—13. Jahrhundert). 2., verbesserte Auflage. 166 Seiten. 1952 . . . . Bd. 1121

Deutsches Dichten und Denken vom Mittelalter zur Neuzeit von *G. Müller* (1270—1700). 2., durchgesehene Auflage. 159 Seiten. 1949 . . . . Bd. 1086

Die deutschen Personennamen von *M. Gottschald.* 2., verbesserte Auflage. 151 Seiten. 1955 . . . . Bd. 422
Althochdeutsches Elementarbuch von *H. Naumann †* und *W. Betz.* 2. Auflage. 156 Seiten. 1954. . . . . Bd. 1111
Mittelhochdeutsche Grammatik von *H. de Boor* und *R. Wisniewski.* 139 Seiten. 1956 . . . . Bd. 1108

Indogermanisch · Germanisch

Gotisches Elementarbuch von *H. Hempel.* Grammatik, Texte mit Übersetzung und Erläuterungen. 2., umgearbeitete Auflage. 165 Seiten. 1953 . . . . Bd. 79
Germanische Sprachwissenschaft von *H. Krahe.*
I: Einleitung und Lautlehre. 3. Auflage. In Vorbereitung Bd. 238
II: Formenlehre. 2. Auflage. 140 Seiten .1948 . . . . . . Bd. 780
Altnordisches Elementarbuch von *F. Ranke.* Schrifttum, Sprache, Texte mit Übersetzung und Wörterbuch. 2., durchgesehene Auflage. 146 Seiten. 1949 . . . . Bd. 1115

Englisch · Französisch · Italienisch

Altenglisches Elementarbuch von *M. Lehnert.* Einführung, Grammatik, Texte mit Übersetzung und Wörterbuch. 3., verbesserte Auflage. 178 Seiten. 1955 . . . . Bd. 1125
Historische neuenglische Laut- und Formenlehre von *E. Ekwall.* 3., durchgesehene Auflage. 150 Seiten. 1956 . . Bd. 735
Englische Literaturgeschichte.
I: Die alt- und mittelenglische Periode von *F. Schubel.* 163 Seiten. 1954 . . . . Bd. 1114
II: Von der Renaissance bis zur Aufklärung von *Paul Meissner †.* 139 Seiten. 1937 . . . . Bd. 1116
III: Romantik und Viktorianismus von *Paul Meissner †.* 150 Seiten. 1938 . . . . Bd. 1124
IV: Das 20. Jahrhundert von *Paul Meissner †.* 150 Seiten. 1939 . . . . Bd. 1136
Beowulf von *M. Lehnert.* Eine Auswahl mit Einführung, teilweiser Übersetzung, Anmerkungen und etymologischem Wörterbuch. 2., verbesserte Auflage. 135 Seiten. 1949 Bd. 1135
Shakespeare von *P. Meissner †.* 2. Auflage, neubearbeitet von *M. Lehnert.* 136 Seiten. 1954 . . . . Bd. 1142
Romanische Sprachwissenschaft von *H. Lausberg.*
I: Einleitung und Vokalismus. 160 Seiten. 1956 . . Bd. 128/128a
II: Konsonantismus. 95 Seiten. 1956 . . . . Bd. 250
Italienische Literaturgeschichte von *K. Vossler †.* Unveränderter Nachdruck der 1927 erschienenen 4., durchgesehenen und verbesserten Auflage. 148 Seiten. 1948 Bd. 125

Griechisch · Lateinisch

Griechische Sprachwissenschaft von *W. Brandenstein.*
I: Einleitung, Lautsystem, Etymologie. 160 Seiten. 1954 Bd. 117
II: In Vorbereitung . . . . Bd. 118
Geschichte der griechischen Sprache
I: Bis zum Ausgang der klassischen Zeit. Von *O. Hoffmann †.* 3., umgearbeitete Auflage von *A. Debrunner.* 156 Seiten. 1954 . . . . Bd. 111
II: Grundfragen und Grundzüge d. nachklass. Griechisch. Von *A. Debrunner.* 144 Seiten. 1954 . . . . Bd. 114

Geschichte der griechischen Literatur von *W. Nestle*. 2., verbesserte Auflage.
I: Von den Anfängen bis auf Alexander d. Gr. 148 Seiten. 1950 . . . . Bd. 70
II: Von Alexander d. Gr. bis zum Ausgang der Antike. 128 Seiten. 1948 . . . . Bd. 557
Geschichte der lateinischen Sprache von *F. Stolz †*. 3., stark umgearbeitete Auflage von *A. Debrunner*. 136 Seiten. 1953 . . . . Bd. 492

Hebräisch · Sanskrit · Russisch

Hebräische Grammatik von *G. Beer †*. 2., völlig neubearbeitete Auflage von *R. Meyer*.
I: Schrift-, Laut- und Formenlehre I. 157 Seiten. 1952. Bd. 763/763a
II: Schrift-, Laut- und Formenlehre II. 195 Seiten. 1955 . . . . Bd. 764/764a
Sanskrit-Grammatik von *M. Mayrhofer*. 89 Seiten. 1953 . . Bd. 1158
Russische Grammatik von *G. Berneker*. 6., unveränderte Auflage von *M. Vasmer*. 155 Seiten. 1947 . . . . Bd. 66

Erd- und Länderkunde

Afrika von *F. Jaeger*. Ein geographischer Überblick. 2., umgearbeitete Auflage.
I: Der Lebensraum. 179 Seiten mit 18 Abbildungen. 1954 Bd. 910
II: Mensch und Kultur. 155 Seiten mit 6 Abbildungen. 1954 Bd. 911
Iberoamerika von *O. Quelle*. In Vorbereitung . . . . Bd. 856
Australien und Ozeanien von *H. J. Krug*. 176 Seiten mit 46 Skizzen. 1953 . . . . Bd. 319
Kartenkunde von *M. Eckert-Greifendorff †*. 3., durchgesehene Auflage von *W. Kleffner*. 149 Seiten mit 63 Abb. 1950 Bd. 30

Volkswirtschaft · Publizistik

Allgemeine Betriebswirtschaftslehre von *K. Mellerowicz*. 9., unveränderte Auflage. 1956.
I: 142 Seiten . . . . Bd. 1008
II: 112 Seiten. . . . . Bd. 1153
III: 143 Seiten. . . . . Bd. 1154
Allgemeine Volkswirtschaftslehre von *A. Paulsen*.
I: Grundlegung, Wirtschaftskreislauf. 138 Seiten mit 11 Abbildungen. 1956. . . . . Bd. 1169
II: Haushalte, Unternehmungen, Marktformen. In Vorbereitung . . . . Bd. 1170
III: Produktionsfaktoren, Geldwesen. In Vorbereitung . . Bd. 1171
IV: Konjunktur, Außenhandel, staatliche Aktivität. In Vorbereitung . . . . Bd. 1172
Zeitungslehre von *E. Dovifat*. 3., neubearbeitete Auflage. 1955.
I: Theoretische und rechtliche Grundlagen, Nachricht und Meinung, Sprache und Form. 148 Seiten. 1955 . . . . Bd. 1039
II: Redaktion, Die Sparten, Verlag und Vertrieb, Wirtschaft und Technik, Sicherung der öffentlichen Aufgabe. 158 Seiten. 1955 . . . . Bd. 1040

Naturwissenschaften

Mathematik

Geschichte der Mathematik von *J. E. Hofmann.*
I: Von den Anfängen bis zum Auftreten von Fermat und Descartes. 200 Seiten. 1953 . . . . Bd. 226

Mathematische Formelsammlung von *F. Ringleb.* Vollständig umgearbeitete Neuausgabe des Werkes von *O. Th. Bürklen.* 6., durchgesehene Aufl. 274 Seiten mit 57 Figuren. 1956. In Vorbereitung . . . . Bd. 51

Fünfstellige Logarithmen von *A. Adler.* Mit mehreren graphischen Rechentafeln und häufig vorkommenden Zahlwerten. 2. Auflage. Neudruck. 127 Seiten mit 1 Tafel. 1949 . . . . Bd. 423

Höhere Algebra von *H. Hasse.* 3., verbesserte Auflage.
I: Lineare Gleichungen. 152 Seiten. 1951 . . . . Bd. 931
II: Gleichungen höheren Grades. 158 Seiten mit 5 Figuren. 1951 . . . . Bd. 932

Aufgabensammlung zur höheren Algebra von *H. Hasse* und *W. Klobe.* 2., verbesserte und vermehrte Auflage. 181 Seiten. 1952 . . . . Bd. 1082

Elementare und klassische Algebra vom modernen Standpunkt von *W. Krull.* 2., erweiterte Auflage.
I: 136 Seiten. 1952 . . . . Bd. 930

Einführung in die Zahlentheorie von *A. Scholz †.* 2. Auflage, überarbeitet von *B. Schoeneberg.* 128 Seiten. 1955 . . . Bd. 1131

Elemente der Funktionentheorie von *K. Knopp.* 4. Auflage. 144 Seiten mit 23 Fig. 1955 . . . . Bd. 1109

Funktionentheorie von *K. Knopp.* 8. Auflage.
I: Grundlagen der allgemeinen Theorie der analytischen Funktionen. 139 Seiten mit 8 Fig. 1955 . . . . Bd. 668
II: Anwendungen und Weiterführung der allgemeinen Theorie. 130 Seiten mit 7 Fig. 1955 . . . . Bd. 703

Aufgabensammlung zur Funktionentheorie von *K. Knopp.* 4. Auflage.
I: Aufgaben zur elementaren Funktionentheorie. 135 Seiten. 1949 . . . . Bd. 877
II: Aufgaben zur höheren Funktionentheorie. 151 Seiten. 1949 . . . . Bd. 878

Repetitorium und Aufgabensammlung zur Differentialrechnung von *A. Witting †.* 2., neubearbeitete Auflage. Durchgesehener Neudruck. 145 Seiten. 1949 . . . . Bd. 146

Repetitorium und Aufgabensammlung zur Integralrechnung von *A. Witting †.* 2., neubearbeitete Auflage. Durchgesehener Neudruck. 121 Seiten mit 32 Figuren und 309 Beispielen. 1949 . . . . Bd. 147

Gewöhnliche Differentialgleichungen von *G. Hoheisel.* 4., neubearbeitete Auflage. 129 Seiten. 1951 . . . . Bd. 920

Partielle Differentialgleichungen von *G. Hoheisel.* 3., neubearbeitete Auflage. 130 Seiten. 1953 . . . . Bd. 1003

Aufgabensammlung zu den gewöhnlichen und partiellen Differentialgleichungen von *G. Hoheisel.* 2., umgearbeitete Auflage. 124 Seiten. 1952 . . . . Bd. 1059

Mengenlehre von *E. Kamke,* 3., neubearbeitete Auflage. 194 Seiten mit 6 Figuren. 1955 . . . . Bd. 999/999a

Darstellende Geometrie von *W. Haack.*

I: Die wichtigsten Darstellungsmethoden. Grund- und Aufriß ebenflächiger Körper. 110 Seiten mit 117 Abbildungen. 1954 . . . . Bd. 142

II: Körper mit krummen Begrenzungsflächen. Kotierte Projektionen. 129 Seiten mit 86 Abbildungen. 1954 . . Bd. 143

III: Axonometrie. Perspektive. Photogrammetrie. In Vorbereitung . . . . Bd. 144

Sammlung von Aufgaben und Beispielen zur analytischen Geometrie der Ebene von *R. Haussner †.* Mit den vollständigen Lösungen. 139 Seiten mit 22 Figuren im Text. Neudruck. 1949 . . . . Bd. 256

Nichteuklidische Geometrie von *R. Baldus †.* Hyperbolische Geometrie der Ebene. 3., verbesserte Auflage, durchgesehen und herausgegeben von *F. Löbell.* 140 Seiten mit 70 Figuren im Text. 1953 . . . . Bd. 970

Differentialgeometrie von *K. Strubecker* (früher Rothe).

I: Kurventheorie der Ebene und des Raumes. 150 Seiten mit 18 Figuren. 1955 . . . . Bd. 1113/1113a

Einführung in die konforme Abbildung von *L. Bieberbach.* 4. Auflage. 147 Seiten mit 42 Zeichnungen. 1949 . . . Bd. 768

Vektoranalysis von *S. Valentiner.* Neudruck der 7. Auflage (1950). 138 Seiten mit 19 Figuren. 1954 . . . . Bd. 354

Vermessungskunde von *P. Werkmeister.*

I: Stückmessung und Nivellieren. 9. Auflage. 165 Seiten mit 145 Figuren. 1949 . . . . Bd. 468

II: Messung von Horizontalwinkeln. Festlegung von Punkten im Koordinatensystem. Absteckungen. 7. Auflage. 151 Seiten mit 93 Figuren. 1949 . . . . Bd. 469

III: Trigonometrische und barometrische Höhenmessung. Tachymetrie und Topographie. 6. Auflage. 147 Seiten mit 64 Figuren. 1949 . . . . Bd. 862

Versicherungsmathematik von *F. Böhm.*

I: Elemente der Versicherungsrechnung. 3., vermehrte und verbesserte Auflage. Durchgesehener Neudruck. 151 Seiten. 1954 . . . . Bd. 180

II: Lebensversicherungsmathematik. Einführung in die technischen Grundlagen der Sozialversicherung. 2., verbesserte Auflage. 205 Seiten. 1953 . . . . Bd. 917/917a

Physik

Einführung in die theoretische Physik von *W. Döring.*

I: Mechanik. 119 Seiten mit 29 Abbildungen. 1954 . . Bd. 76

II: Das elektromagnetische Feld. 123 Seiten mit 15 Abbildungen. 1955 . . . . Bd. 77

III: Optik. 117 Seiten mit 32 Abbildungen. 1956 . . . . Bd. 78

IV: Thermodynamik. Mit 9 Abbildungen. In Vorbereitung Bd. 374

Atomphysik von *K. Bechert* u. *Ch. Gerthsen.* 3., umgearb. Aufl.

I: Allgemeine Grundlagen. I. Teil von *Ch. Gerthsen.* 123 Seiten mit 35 Abbildungen. 1955. . . . . Bd. 1009

II: Allgemeine Grundlagen. II. Teil von *Ch. Gerthsen.* 112 Seiten mit 48 Abbildungen. 1955. . . . . Bd. 1033

III: Theorie des Atombaus. I. Teil von *K. Bechert.* 148 Seiten mit 16 Abbildungen. 1954 . . . . . Bd. 1123/1123a

IV: Theorie des Atombaus. 2. Teil von *K. Bechert.* 170 Seiten mit 14 Abbildungen. 1954 . . . . Bd. 1165/1165a

Differentialgleichungen der Physik von *F. Sauter.* 2. Auflage. 148 Seiten mit 16 Figuren. 1950 . . . . Bd. 1070

Physikalische Formelsammlung von *G. Mahler* und *K. Mahler.* 9., durchgesehene Auflage. 153 Seiten mit 69 Figuren. 1955 . . . . Bd. 136

Physikalische Aufgabensammlung von *G. Mahler* u. *K. Mahler.* Mit den Ergebnissen. 8., durchgesehene Auflage. 127 Seiten. 1955 . . . . Bd. 243

Chemie

Geschichte der Chemie von *G. Lockemann.* In kurzgefaßter Darstellung.

I: Vom Altertum bis zur Entdeckung des Sauerstoffs. 142 Seiten mit 8 Bildnissen. 1950 . . . . Bd. 264

II: Von der Entdeckung des Sauerstoffs bis zur Gegenwart. 151 Seiten mit 16 Bildnissen. 1955 . . . . Bd. 265/265a

Anorganische Chemie von *W. Klemm.* 8. Auflage. 184 Seiten mit 18 Abbildungen. 1954 . . . . Bd. 37

Organische Chemie von *W. Schlenk.* 6., erweiterte Auflage. 263 Seiten. 1954 . . . . Bd. 38/38a

Allgemeine und physikalische Chemie von *W. Schulze.* 4., neubearbeitete Auflage.

I: 139 Seiten mit 10 Figuren. 1955 . . . . Bd. 71

II: 177 Seiten mit 37 Figuren. 1956 . . . . Bd. 698/698a

III: 1956. In Vorbereitung . . . . Bd. 786

Analytische Chemie von *J. Hoppe.* 5., verbesserte Auflage.

I: Reaktionen. 135 Seiten. 1950 . . . . Bd. 247

II: Gang der qualitativen Analyse. 166 Seiten. 1950 . . Bd. 248

Maßanalyse von *G. Jander* und *K. J. Jahr.* Theorie und Praxis der klassischen und der elektrochemischen Titrierverfahren. 7. Auflage.

I: Grundlagen. Oxydations- und Reduktionsanalysen. In Vorbereitung . . . . Bd. 221

II: Neutralisations- und Fällungsanalysen. In Vorbereitung Bd. 1002

III: Komplexometrie. Konduktometrie. Potentiometrie. In Vorbereitung . . . . Bd. 1004

Thermochemie von *W. A. Roth.* 2., verbesserte Auflage. 109 Seiten mit 16 Figuren. 1952 . . . . Bd. 1057

Physikalisch-chemische Rechenaufgaben von *E. Asmus.* 2. Auflage. 96 Seiten. 1949 . . . . Bd. 445

Stöchiometrische Aufgabensammlung von *W. Bahrdt* und *R. Scheer.* Mit den Ergebnissen. 5., verbesserte Auflage. 120 Seiten. 1952 . . . . Bd. 452

Elektrochemie und ihre physikalisch-chemischen Grundlagen von *A. Dassler.*

I: 149 Seiten mit 21 Abbildungen. 1950. . . . . Bd. 252

II: 178 Seiten mit 17 Abbildungen. 1950. . . . . Bd. 253

Technologie

Warenkunde von *K. Hassak†* und *E. Beutel†.* 7. Auflage. Neubearbeitet von *A. Kutzelnigg.*

I: Anorganische Waren sowie Kohle und Erdöl. 116 Seiten mit 19 Figuren. 1947 . . . . Bd. 222

II: Organische Waren. 143 Seiten mit 32 Figuren. 1949 . Bd. 223

Die Fette und Öle von *K. Braun†.* 5., völlig neubearbeitete und verbesserte Auflage von *Th. Klug.* 145 Seiten. 1950 Bd. 335

Die Seifenfabrikation von *K. Braun†*. 3., neubearbeitete und verbesserte Auflage von *Th. Klug*. 116 Seiten mit 18 Abbildungen. 1953 . . . . Bd. 336

Textilindustrie.

I: Spinnerei und Zwirnerei von *A. Blümcke*. 112 Seiten mit 43 Abbildungen. 1954 . . . . Bd. 184

Biologie

Einführung in die allgemeine Biologie von *M. Hartmann*. In Vorbereitung . . . . Bd. 96

Hormone von *G. Koller*. 2., neubearbeitete und erweiterte Auflage. 187 Seiten mit 60 Abb. und 19 Tabellen. 1949 . Bd. 1141

Fortpflanzung im Tier- und Pflanzenreich von *J. Hämmerling*. 2., ergänzte Auflage. 135 Seiten mit 101 Abb. 1951 . Bd. 1138

Geschlecht und Geschlechtsbestimmung im Tier- und Pflanzenreich von *M. Hartmann*. 2., verbesserte Auflage. 116 Seiten mit 61 Abbildungen und 7 Tabellen. 1951. . Bd. 1127

Grundriß der allgemeinen Mikrobiologie von *W. Schwartz*.

I: 104 Seiten mit 17 Abbildungen. 1949. . . . . Bd. 1155

II: 93 Seiten mit 12 Abbildungen. 1949. . . . . Bd. 1157

Symbiose der Tiere mit pflanzlichen Mikroorganismen von *P. Buchner*. 2., verbesserte und vermehrte Auflage. 130 Seiten mit 121 Abbildungen. 1949 . . . . Bd. 1128

Botanik

Entwicklungsgeschichte des Pflanzenreiches von *H. Heil*. 2. Auflage. 138 Seiten mit 94 Abbildungen und 1 Tabelle. 1950 Bd. 1137

Morphologie der Pflanzen von *L. Geitler*. 3. Auflage. 126 Seiten mit 114 Abbildungen. 1953 . . . . Bd. 141

Pflanzenzüchtung von *H. Kuckuck*. 3., völlig umgearbeitete Auflage.

I: Grundzüge der Pflanzenzüchtung. 132 Seiten mit 22 Abbildungen. 1952 . . . . Bd. 1134

Die Laubhölzer von *F. W. Neger†* und *E. Münch†*. Kurzgefaßte Beschreibung der in Mitteleuropa gedeihenden Laubbäume und Sträucher. 3., durchgesehene Auflage, herausgegeben von *B. Huber*. 143 Seiten mit 63 Figuren und 7 Tabellen. 1950. . . . . Bd. 718

Die Nadelhölzer (Koniferen) und übrigen Gymnospermen von *F. W. Neger†* und *E. Münch†*. 4. Auflage. Durchgesehen und ergänzt von *B. Huber*. 140 Seiten mit 75 Figuren, 4 Tabellen und 3 Karten. 1952 . . . . Bd. 355

Zoologie

Entwicklungsphysiologie der Tiere von *F. Seidel*.

I: Ei und Furchung. 126 Seiten mit 29 Abbildungen. 1953 . . . . Bd. 1162

II: Körpergrundgestalt und Organbildung. 159 Seiten mit 42 Abbildungen. 1953 . . . . Bd. 1163

Das Tierreich.

Fische von *D. Lüdemann*. 130 Seiten mit 65 Abbildungen. 1955 . . . . Bd. 356

Insekten von *H. von Lengerken*. 128 Seiten mit 58 Abbildungen. 1953 . . . . Bd. 594

Lurche von *K. Herter.* 140 Seiten mit 129 Abbild. 1955 Bd. 847
Spinnentiere von *A. Kaestner.* 96 S. mit 55 Abb. 1955 Bd. 1161
Würmer von *S. Jaeckel.* 112 Seiten mit 36 Abbild. 1955 Bd. 439
Weichtiere von *S. Jaeckel.* 92 Seiten mit 34 Abbildungen. 1954 . . . . Bd. 440
Stachelhäuter von *S. Jaeckel.* 100 Seiten mit 46 Abbildungen. 1955 . . . . Bd. 441
Schwämme und Hohltiere von *H. J. Hannemann.* 95 Seiten mit 80 Abbildungen. 1956 . . . . Bd. 442
Krebse von *H. E. Gruner* und *K. Deckert.* Mit 43 Abbildungen. 1956. In Vorbereitung . . . . Bd. 443
Protozoa von *E. Reichenow.* 1956. In Vorbereitung Bd. 444

Vergleichende Physiologie der Tiere von *K. Herter.* 3. Auflage der „Tierphysiologie".
I: Stoff- und Energiewechsel. 155 Seiten mit 64 Abbild. 1950 . . . . Bd. 972
II: Bewegung und Reizerscheinungen. 148 Seiten mit 110 Abbildungen. 1950 . . . . Bd. 973

Land- und Forstwirtschaft

Landwirtschaftliche Tierzucht von *H. Vogel.* Die Züchtung und Haltung der landwirtschaftlichen Nutztiere. 139 Seiten mit 11 Abbildungen. 1952 . . . . Bd. 228

Kulturtechnische Bodenverbesserungen von *O. Fauser.* 4., neubearbeitete Auflage.
I: Allgemeines, Entwässerung. 122 Seiten mit 47 Abbildungen. 1947 . . . . Bd. 691
II: Bewässerung, Ödlandkultur, Umlegung. 150 Seiten mit 67 Abbildungen. 1949 . . . . Bd. 692

Agrikulturchemie von *K. Scharrer.*
I: Pflanzenernährung. 143 Seiten. 1953 . . . . Bd. 329
II: Futtermittelkunde. 1956. In Vorbereitung . . . . . Bd. 330

Geologie · Mineralogie · Kristallographie

Kristallographie von *W. Bruhns†* und *P. Ramdohr.* 4. Auflage. 106 Seiten mit 163 Abbildungen. 1954 . . . . Bd. 210

Einführung in die Kristalloptik von *E. Buchwald.* 4., verbess. Auflage. 138 Seiten mit 121 Figuren. 1952 . . . . . Bd. 619

Lötrohrprobierkunde von *M. Henglein.* Mineraldiagnose mit Lötrohr- und Tüpfelreaktion. 3., verbesserte Auflage. 91 Seiten mit 11 Figuren. 1949 . . . . Bd. 483

Mineral- und Erzlagerstättenkunde von *H. Huttenlocher †.*
I: 128 Seiten mit 34 Abbildungen. 1954. . . . . Bd. 1014
II: 156 Seiten mit 48 Abbildungen. 1954. . . . . Bd. 1015/1015a

Allgemeine Mineralogie von *R. Brauns †* und *K. F. Chudoba.* 9., erweiterte Auflage der „Mineralogie" von *Brauns-Chudoba.* 104 Seiten mit 107 Figuren, 1 Tafel, 2 Tabellen. 1955 . . . . Bd. 29

Spezielle Mineralogie von *R. Brauns †* und *K. F. Chudoba.* 9., erweiterte Auflage der „Mineralogie" von *Brauns-Chudoba.* 133 Seiten mit 105 Figuren. 1955 . . . . . . Bd. 31

Petrographie. Von *W. Bruhns†* und *P. Ramdohr.* 4., durchgesehene Auflage. 104 Seiten mit 10 Figuren. 1955 . . Bd. 173

Geologie von *F. Lotze.* 176 Seiten mit 80 Abbildungen. 1955 . . Bd. 13

Technik

Elektrotechnik

Grundlagen der Elektrotechnik von *O. Mohr.* 2 Bände. In Vorbereitung . . . . Bd. 196/197

Die Gleichstrommaschine von *K. Humburg.* Durchgesehener Neudruck.
I: 102 Seiten mit 59 Abbildungen. 1949. . . . . Bd. 257
II: 98 Seiten mit 38 Abbildungen. 1949 . . . . Bd. 881

Die synchrone Maschine von *K. Humburg.* Neudruck. 109 Seiten mit 78 Bildern. 1951 . . . . Bd. 1146

Induktionsmaschinen von *F. Unger.* 2., erweiterte Auflage. 142 Seiten mit 49 Abbildungen. 1954. . . . . Bd. 1140

Die komplexe Berechnung von Wechselstromschaltungen von *H. H. Meinke.* 160 Seiten mit 114 Abbildungen. 1949 . Bd. 1156

Theoretische Grundlagen zur Berechnung der Schaltgeräte von *F. Kesselring.* 3. Auflage. 144 Seiten mit 92 Abbildungen. 1950 . . . . Bd. 711

Einführung in die Technik selbsttätiger Regelungen von *W. zur Megede.* 1956. In Vorbereitung . . . . Bd. 714/714a

Elektromotorische Antriebe (Grundlagen für die Berechnung) von *A. Schwaiger.* 3., neubearbeitete Auflage. 96 Seiten mit 34 Abbildungen. 1952 . . . . Bd. 827

Technische Tabellen und Formeln von *W. Müller.* 4., verbesserte und erweiterte Auflage von *F. Schulze.* 152 Seiten mit 105 Figuren. 1951 . . . . Bd. 579

Überspannungen und Überspannungsschutz von *G. Frühauf.* Durchgesehener Neudruck. 122 Seiten mit 98 Abbildungen. 1950 . . . . Bd. 1132

Maschinenbau

Metallkunde. Einführendes über Aufbau, Eigenschaften und Untersuchung von Metallen und Legierungen sowie über Grundlagen des Schmelzens, des Gießens, des Verformens, der Wärmebehandlung, der Oberflächenbehandlung, der Verbinde- und Trennarbeiten von *H. Borchers.*
I: Aufbau der Metalle und Legierungen. 3. Auflage. 1956. In Vorbereitung . . . . Bd. 432
II: Eigenschaften. Grundzüge der Form- und Zustandsgebung. 2. Auflage. 154 Seiten mit 8 Tabellen und 100 Abbildungen. 1952 . . . . Bd. 433

Die Werkstoffe des Maschinenbaues von *A. Thum* und *C. M. Freiherr von Meysenbug.*
I: 1956. In Vorbereitung . . . . Bd. 476

Dynamik von *W. Müller.* 2., verbesserte Auflage.
I: Dynamik des Einzelkörpers. 128 Seiten mit 48 Figuren. 1952 . . . . Bd. 902
II: Systeme von starren Körpern. 102 Seiten mit 41 Figuren. 1952 . . . . Bd. 903

Technische Schwingungslehre von *L. Zipperer.* 2., neubearbeitete Auflage.

I: Allgemeine Schwingungsgleichungen, einfache Schwinger. 120 Seiten mit 101 Abbildungen. 1953 . . . . . Bd. 953
II: Torsionsschwingungen in Maschinenanlagen. 102 Seiten mit 59 Abbildungen. 1955 . . . . Bd. 961/961a

Transformatoren von *W. Schäfer*. 2. Auflage mit 74 Abbildungen. 1956. In Vorbereitung . . . . Bd. 952

Werkzeugmaschinen für Metallbearbeitung von *K. P. Matthes*.
I: 110 Seiten mit 27 Abbildungen, 11 Zahlentafeln im Text und 1 Tafelanhang. 1954 . . . . Bd. 561
II: Fertigungstechnische Grundlagen der neuzeitlichen Metallbearbeitung. 101 Seiten mit 30 Abbildungen und 5 Tafeln im Text. 1955 . . . . Bd. 562

Die Maschinenelemente von *E. A. vom Ende*. 3., verbesserte Auflage. Mit 175 Figuren und 9 Tafeln. 1956. In Vorbereitung . . . . Bd. 3

Das Maschinenzeichnen mit Einführung in das Konstruieren von *W. Tochtermann*. 4. Auflage.
I: Das Maschinenzeichnen. 156 Seiten mit 77 Tafeln. 1950 Bd. 589
II: Ausgeführte Konstruktionsbeispiele. 130 Seiten mit 58 Tafeln. 1950 . . . . Bd. 590

Getriebelehre von *P. Grodzinski*. 2., neubearbeitete Auflage.
I: Geometrische Grundlagen. 159 Seiten mit 142 Figuren. 1953 . . . . Bd. 1061

Gießereitechnik von *H. Jungbluth*.
I: Eisengießerei. 126 Seiten mit 44 Abbildungen. 1951 . . Bd. 1159

Die Dampfkessel und Feuerungen einschließlich Hilfseinrichtungen in Theorie, Konstruktion und Berechnung von *W. Marcard* †. 2. Auflage. Neubearbeitet von *K. Beck*.
I: Die theoretischen Grundlagen. Wärme, Verbrennung, Wärmeübertragung. 150 Seiten mit 42 Abbildungen und 16 Tabellen. 1951 . . . . Bd. 9
II: Dampfkessel. 147 Seiten mit 43 Abbildungen. 1952 . . Bd. 521

Dampfturbinen von *C. Zietmann*. 3., verbesserte Auflage.
I: Theorie der Dampfturbinen. 140 Seiten mit 48 Abbildungen. 1955 . . . . Bd. 274
II: Die Berechnung der Dampfturbinen und die Konstruktion der Einzelteile. 134 Seiten mit 111 Abbildungen. 1956 . . . . Bd. 715
III: Ihre Wirkungsweise, Berechnung und Konstruktion. Mit 90 Abbildungen. 1956. In Vorbereitung . . . . . Bd. 716

Industrielle Kraft- und Wärmewirtschaft von *F. A. F. Schmidt*. 1956. In Vorbereitung. . . . . Bd. 318/318a

Technische Thermodynamik von *W. Nusselt*.
I: Grundlagen. 4., verbesserte Auflage. 144 Seiten mit 71 Abbildungen. 1956. In Vorbereitung . . . . Bd. 1084
II: Theorie der Wärmekraftmaschinen. Neudruck. 144 Seiten mit 87 Abbildungen und 32 Zahlentafeln. 1951 . . Bd. 1151

Autogenes Schweißen und Schneiden von *H. Niese*. 5. Auflage. Neubearbeitet von *A. Küchler*. 136 Seiten mit 71 Figuren. 1954 . . . . Bd. 499

Die elektrischen Schweißverfahren von *H. Niese*. 2. Auflage. Neubearbeitet von *H. Dienst*. 136 Seiten mit 58 Abbildungen. 1955 . . . . Bd. 1020

Hebezeuge von *G. Tafel*.
I: 2., verbesserte Auflage. 276 Seiten mit 230 Figuren. 1954 . . . . Bd. 414/414a

Wasserbau

Wasserkraftanlagen von *A. Ludin.*
I: Planung, Grundlagen und Grundzüge. 124 Seiten mit 60 Abbildungen. 1955 . . . . Bd. 665
II: In Vorbereitung . . . . Bd. 666

Verkehrswasserbau von *H. Dehnert.*
I: Entwurfsgrundlagen, Flußregelungen. 103 Seiten mit 52 Textabbildungen. 1950 . . . . Bd. 585
II: Flußkanalisierungen und Schiffahrtskanäle. 94 Seiten mit 60 Textabbildungen. 1950 . . . . Bd. 597
III: Schleusen und Hebewerke. 98 Seiten mit 70 Textabbildungen. 1950 . . . . Bd. 1152

Talsperren von *F. Tölke.* 122 Seiten mit 70 Abbildungen. 1953 Bd. 1044

Wehr- und Stauanlagen von *H. Dehnert.* 134 Seiten mit 90 Abbildungen. 1952 . . . . Bd. 965

Hoch- und Tiefbau

Festigkeitslehre von *W. Gehler †* und *W. Herberg.*
I: Elastizität, Plastizität und Festigkeit der Baustoffe und Bauteile. Durchgesehener und erweiterter Neudruck. 159 Seiten mit 18 Bildern. 1952 . . . . Bd. 1144
II: Formänderung, Platten, Stabilität und Bruchhypothesen. Bearb. von *W. Herberg* und *N. Dimitrov.* 187 Seiten mit 94 Bildern. 1955 . . . . Bd. 1145/1145a

Statik der Baukonstruktionen von *A. Teichmann.*
I: Grundlagen. 101 Seiten mit 51 Abbildungen und 8 Formentafeln. 1956 . . . . Bd. 119

Grundlagen des Stahlbetonbaus von *A. Troche.* 2., neubearbeitete und erweiterte Auflage. 208 Seiten mit 75 Abbildungen, 17 Bemessungstafeln und 20 Rechenbeispielen. 1953 . . . . Bd. 1078

Fenster, Türen, Tore aus Holz und Metall. Eine Anleitung zu ihrer guten Gestaltung, wirtschaftlichen Bemessung und handwerksgerechten Konstruktion von *W. Wickop.* 4., überarbeitete Auflage. 155 Seiten mit 95 Abbildungen 1955 . . . . Bd. 1092

Die wichtigsten Baustoffe des Hoch- und Tiefbaus von *O. Graf.* 4., verbesserte Auflage. 131 Seiten mit 63 Abbildungen. 1953 . . . . Bd. 984

Baustoffverarbeitung und Baustellenprüfung des Betons von *A. Kleinlogel.* 2., neubearbeitete und erweiterte Auflage. 126 Seiten mit 35 Abbildungen. 1951 . . . . . Bd. 978

Heizung und Lüftung von *J. Körting †* und *W. Körting.* 8., neubearbeitete Auflage.
I: Das Wesen und die Berechnung der Heizungs- und Lüftungsanlagen. 140 Seiten mit 29 Abbildungen und 18 Zahlentafeln. 1951 . . . . Bd. 342
II: Die Ausführung der Heizungs- und Lüftungsanlagen. 152 Seiten mit 165 Abbildungen und 7 Zahlentafeln. 1954 . . . . Bd. 343

SAMMLUNG GÖSCHEN - BANDNUMMERNFOLGE

768 Bieberbach, Einführung in die konforme Abbildung
780 Krahe, Germ. Sprachwiss. II
781 Weigert, Stilkunde II
786 Schulze, Molekülbau
807 Kropp, Erkenntnistheorie I
809 Moser, Harmonielehre I
820 Koch, Philosophie des Mittelalters
827 Schwaiger, Elektromotorische Antriebe
845 Lehmann, Philosophie im ersten Drittel des 20. Jahrh.
847 Herter, Lurche
851 Moede, Psychologie des Berufs- und Wirtschaftslebens
856 Quelle, Iberoamerika
857 Capelle, Griech. Philosophie I
858 Capelle, Griech. Philosoph. II
859 Capelle, Griech. Philosoph. III
862 Werkmeister, Vermessungskunde III
863 Capelle, Griech. Philosoph. IV
877 Knopp, Aufgabensammlung zur Funktionentheorie I
878 Knopp, Aufgabensammlung zur Funktionentheorie II
881 Humburg, Gleichstrommaschine II
902 Müller, Dynamik I
903 Müller, Dynamik II
910 Jaeger, Afrika I
911 Jaeger, Afrika II
917/917a Böhm, Versicherungsmathematik II
920 Hoheisel, Gewöhnliche Differentialgleichungen
929 Schirmer, Dt. Wortkunde
930 Krull, Elementare und klassische Algebra I
931 Hasse, Höhere Algebra I
932 Hasse, Höhere Algebra II
952 Schäfer, Transformatoren
953 Zipperer, Techn. Schwingungslehre I
961/961a Zipperer, Techn. Schwingungslehre II
965 Dehnert, Wehr- u. Stauanlagen
970 Baldus-Löbell, Nichteuklid. Geometrie
972 Herter, Tierphysiologie I
973 Herter, Tierphysiologie II
978 Kleinlogel, Baustoffverarbeitung und Baustellenprüfung des Betons
984 Graf, Die wichtigsten Baustoffe des Hoch- und Tiefbaus
999/999a Kamke, Mengenlehre
1000 Jaspers, Geistige Situation
1002 Jander-Jahr, Maßanalyse II
1003 Hoheisel, Partielle Differentialgleichungen
1004 Jander-Jahr, Maßanalyse III
1008 Mellerowicz, Allgemeine Betriebswirtschaftslehre I
1009 Bechert-Gerthsen, Atomphysik I
1014 Huttenlocher, Mineral- und Erzlagerstättenkunde I
1015/1015a Huttenlocher, Mineral- und Erzlagerstättenkunde II
1021 Niese-Dienst, Elektr. Schweißverfahren
1031 Apel, Philosophisches Wörterbuch
1033 Bechert-Gerthsen, Atomphysik II
1043 Kranefeldt, Therapeutische Psychologie
1039 Dovifat, Zeitungslehre I
1040 Dovifat, Zeitungslehre II
1044 Tölke, Talsperren
1045 Schubert, Technik des Klavierspiels
1051/1051a zu Stolberg-Wernigerode, Gesch. d. Verein. Staaten v. Amerika
1057 Roth, Thermochemie
1059 Hoheisel, Aufgabensammlg. z. d. gewöhnl. u. part. Differentialgleichungen
1061 Grodzinski, Getriebelehre I
1065 Haller, Von den Karolingern zu den Staufern
1070 Sauter, Differentialgleichungen der Physik
1078 Troche, Stahlbetonbau
1082 Hasse-Klobe, Aufgabensammlung zur Höheren Algebra
1084 Nusselt, Technische Thermodynamik I
1086 Müller, Dt. Dichten u. Denken
1088 Preller, Geschichte Engld. II
1092 Wickop, Fenster, Türen, Tore,
1094 Hernried, System. Modulation
1105 Hartung, Dt. Geschichte im Zeitalter der Reformation
1108 de Boor-Wisniewski, Mittelhochdeutsche Grammatik
1109 Knopp, Elemente der Funktionentheorie
1111 Naumann-Betz, Althochdeutsches Elementarbuch

1113/1113a Strubecker, Differentialgeometrie I
1114 Schubel, Englische Literaturgeschichte I
1115 Ranke, Altnord. Elementarbuch
1116 Meissner, Englische Literaturgeschichte II
1121 Naumann, Dt. Dichten und Denken
1122 Feist, Sprechen und Sprachpflege
1123/1123a Bechert-Gerthsen, Atomphysik III
1124 Meissner, Englische Literaturgeschichte III
1125 Lehnert, Altengl. Elementarbuch
1127 Hartmann, Geschlecht und Geschlechtsbestimmung im Tier- und Pflanzenreich
1128 Buchner, Symbiose der Tiere mit pflanzl. Mikroorganismen
1130 Dibelius, Jesus
1131 Scholz-Schoeneberg Einführung in die Zahlentheorie
1132 Frühauf, Überspannungen und Überspannungsschutz
1134 Kuckuck, Pflanzenzüchtung I
1135 Lehnert, Beowulf
1136 Meissner, Englische Literaturgeschichte IV
1137 Heil, Entwicklungsgeschichte des Tier- und Pflanzenreichs
1138 Hämmerling, Fortpflanzung im Tier- und Pflanzenreich
1140 Unger, Induktionsmaschinen
1141 Koller, Hormone
1142 Meissner-Lehnert, Shakespeare
1144 Gehler, Festigkeitslehre I
1145/1145a Herberg, Festigkeitslehre II
1146 Humburg, Synchrone Maschine
1147 v. Waltershausen, Kunst des Dirigierens
1148 Pepping, Der polyphone Satz I
1151 Nusselt, Technische Thermodynamik II
1152 Dehnert, Verkehrswasserbau III
1153 Mellerowicz, Allg. Betriebswirtschaftslehre II
1154 Mellerowicz, Allg. Betriebswirtschaftslehre III
1155 Schwartz, Mikrobiologie I
1156 Meinke, Kompl. Berechng. d. Wechselstromschaltungen
1157 Schwartz, Mikrobiologie II
1158 Mayrhofer, Sanskrit-Grammatik
1159 Jungbluth, Gießereitechnik I
1160 Dibelius-Kümmel, Paulus
1161 Kaestner, Spinnentiere
1162 Seidel, Entwicklungsphysiologie der Tiere I
1163 Seidel, Entwicklungsphysiologie der Tiere II
1165/1165a Bechert-Gerthsen, Atomphysik IV
1169 Paulsen, Allgem. Volkswirtschaftslehre I
1170 Paulsen, Allgem. Volkswirtschaftslehre II
1171 Paulsen, Allgem. Volkswirtschaftslehre III
1172 Paulsen, Allgem. Volkswirtschaftslehre IV

AUTORENREGISTER

FSC
www.fsc.org
MIX
Papier | Fördert gute Waldnutzung
FSC® C083411

Kolibri 360 GmbH
Ferdinand-Jühlke-Straße 7
99095 Erfurt, Deutschland
produktsicherheit@kolibri360.de